青少年人工智能编程 启蒙丛书

图形化编程控制技术

下

陈新星　涂正元　胡正一　主　编
杨丽萍　吴娟意　刘　洁　龚运新　副主编

清华大学出版社
北京

内 容 简 介

本书通过专门设计的电子接口器件组成各种产品,全面介绍一个智能产品的开发过程,机械设计和机械制作,电气控制技术设计和制作,分别作为一个任务编写,在电气控制方面增加了软件开发任务,同时用已学的电子 CAD 软件制作出产品设计图。

本书内容科学、专业,可作为中小学人工智能入门教材(第三方进校园首选教材),也可作为学校社团活动使用教材,还可作为家长培训孩子的指导书。

版权所有,侵权必究。举报: 010-62782989, beiqinquan@tup.tsinghua.edu.cn。

图书在版编目(CIP)数据

图形化编程控制技术.下/陈新星,涂正元,胡正一主编.--北京:清华大学出版社,2024.9.--(青少年人工智能编程启蒙丛书).-- ISBN 978-7-302-67335-4

Ⅰ.TP311.1-49

中国国家版本馆 CIP 数据核字第 202415EE39 号

责任编辑:袁勤勇　常建丽
封面设计:刘　键
责任校对:刘惠林
责任印制:沈　露

出版发行:清华大学出版社
　　　网　　址:https://www.tup.com.cn,https://www.wqxuetang.com
　　　地　　址:北京清华大学学研大厦 A 座　　　邮　编:100084
　　　社 总 机:010-83470000　　　邮　购:010-62786544
　　　投稿与读者服务:010-62776969,c-service@tup.tsinghua.edu.cn
　　　质量反馈:010-62772015,zhiliang@tup.tsinghua.edu.cn
　　　课件下载:https://www.tup.com.cn,010-83470236
印 装 者:三河市铭诚印务有限公司
经　　销:全国新华书店
开　　本:185mm×260mm　　印　张:14.75　　字　数:218 千字
版　　次:2024 年 9 月第 1 版　　印　次:2024 年 9 月第 1 次印刷
定　　价:39.90 元

产品编号:103097-01

丛书顾问委员会名单

主　　任：郑刚强　陈桂生

副 主 任：谢平升　李　理

成　　员：汤淑明　王金桥　马于涛　李尧东　龚运新　周时佐
　　　　　柯晨瑰　邓正辉　刘泽仁　陈新星　张雅凤　苏小明
　　　　　王正来　谌受柏　涂正元　胡佐珍　易　强　李　知
　　　　　向俊雅　郭翠琴　洪小娟

策　　划：袁勤勇　龚运新

顾问委员会寄语

新时代赋予新使命，人工智能正在从机器学习、深度学习快速迈入大模型通用智能（AGI）时代，新一代认知人工智能赋能千行百业转型升级，对促进人类生产力创新可持续发展具有重大意义。

创新的源泉是发现和填补生产力体系中的某种稀缺性，而创新本身是21世纪人类最为稀缺的资源。若能以战略科学设计驱动文化艺术创意体系化植入科学技术工程领域，赋能产业科技创新升级高质量发展甚至撬动人类产业革命，则中国科技与产业领军世界指日可待，人类文明可持续发展才有希望。

国家要发展，主要内驱力来自精神信念与民族凝聚力！从人工智能的视角看，国家就像是由14亿台神经计算机组成的机群，信仰是神经计算机的操作系统，精神是神经计算机的应用软件，民族凝聚力是神经计算机网络执行国际大事的全维度能力。

战略科学设计如何回答钱学森之问？从关键角度简要解读如下。

（1）设计变革：从设计技术走向设计产业化战略。

（2）产业变革：从传统产业走向科创上市产业链。

（3）科技变革：从固化学术研究走向院士创新链。

（4）教育变革：从应试型走向大成智慧教育实践。

（5）艺术变革：从细分技艺走向各领域尖端哲科。

（6）文化变革：从传承创新走向人类文明共同体。

（7）全球变革：从存量博弈走向智慧创新宇宙观。

宇宙维度多重，人类只知一角，是非对错皆为幻象。常规认知与高维认知截然不同，从宇宙高度考虑问题相对比较客观。前人理论也可颠覆，毕竟宇宙之大，人类还不足以窥见万一。

     探索创新精神，打造战略意志；

     成功核心，在于坚韧不拔信念；

     信念一旦确定，百慧自然而生。

  丛书顾问委员会由俄罗斯自然科学院院士、武汉理工大学教授郑刚强，清华大学博士陈桂生，湖南省教育督导评估专家谢平升，麻城市博达学校校长李理，中国科学院自动化研究所研究员汤淑明，武汉人工智能研究院研究员、院长王金桥，武汉大学计算机学院智能化研究所教授马于涛，麻城市博达学校董事长李尧东，无锡科技职业学院教授龚运新，黄冈市黄梅县教育局周时佐，麻城市博达学校董事李知，黄冈市黄梅县实验小学向俊雅、郭翠琴，黄冈市黄梅县八角亭中学洪小娟等组成。

丛书序

人工智能教育已经开展了十几年。这十几年来,市场上不乏一些好教材,但是很难找到一套适合的、系统化的教材。学习一下图形化编程,操作一下机器人、无人机和无人车,这些零散的、碎片化的知识对于想系统学习的读者来说很难,入门较慢,也培养不出专业人才。近些年,国家已制定相关文件推动和规范人工智能编程教育的发展,并将编程教育纳入中小学相关课程。

鉴于以上事实,编委会组织专家团队,集合多年在教学一线的教师编写了这套教材,并进行了多年教学实践,探索了教师培训和选拔机制,经过多次教学研讨,反复修改,反复总结提高,现将付梓出版发行。

人工智能知识体系包括软件、硬件和理论,中小学只能学习基本的硬件和软件。硬件主要包括机械和电子,软件划分为编程语言、系统软件、应用软件和中间件。在初级阶段主要学习编程软件和应用软件,再用编程软件控制简单硬件做一些简单动作,这样选取的机械设计、电子控制系统硬件设计和软件3部分内容就组成了人工智能教育阶段的入门知识体系。

本丛书在初级阶段首先用电子积木和机械积木作为实验设备,选择典型、常用的电子元器件和机械零部件,先了解认识,再组成简单、有趣的应用产品或艺术品;接着用CAD(计算机辅助设计)软件制作出这些产品的原理图或机械图,将玩积木上升为技术设计和学习CAD软件。这样将玩积木和学知识有机融合,可保证知识的无缝衔接,平稳过渡,通过几年的教学实践,取得了较好效果。

中级阶段学习图形化编程,也称为2D编程。本书挑选生活中适合中小学生年龄段的内容,做到有趣、科学,在编写程序并调试成功的过程中,发展思维、提高能力。在每个项目中均融入相关学科知识，体现了专业性、严谨性。特别是图形化编程适合未来无代码或少代码的编程趋势，满足大众学习编程的需求。

图形化编程延续玩积木的思路，将指令做成积木块形式，编程时像玩积木一样将指令拼装好，一个程序就编写成功，运行后看看结果是否正确，不正确再修改，直到正确为止。从这里可以看出图形化编程不像语言编程那样有完善的软件开发系统，该系统负责程序的输入，运行，指令错误检查，调试（全速、单步、断点运行）。尽管软件不太完善，但对于初学者而言还是一种有趣的软件，可作为学习编程语言的一种过渡。

在图形化编程入门的基础上，进一步学习三维编程，在维度上提高一维，难度进一步加大，三维动画更加有趣，更有吸引力。本丛书注重编写程序全过程能力培养，从编程思路、程序编写、程序运行、程序调试几方面入手，以提高读者独立编写、调试程序的能力，培养读者的自学能力。

在图形化编程完全掌握的基础上，学习用图形化编程控制硬件，这是软件和硬件的结合，难度进一步加大。《图形化编程控制技术（上）》主要介绍单元控制电路，如控制电路设计、制作等技术。《图形化编程控制技术（下）》介绍用 Mind+ 图形化编程控制一些常用的、有趣的智能产品。一个智能产品要经历机械设计、机械 CAD 制图、机械组装制造、电气电路设计、电路电子 CAD 绘制、电路元器件组装调试、Mind+ 编程及调试等过程，这两本书按照这一产品制造过程编写，让读者知道这些工业产品制造的全部知识，弥补市面上教材的不足，尽可能让读者经历现代职业、工业制造方面的训练，从而培养智能化、工业社会所需的高素质人才。

高级阶段学习 Python 编程软件，这是一款应用较广的编程软件。这一阶段正式进入编程语言的学习，难度进一步加大。编写时尽量讲解编程方法、基本知识、基本技能。这一阶段是在《图形化编程控制技术（上）》的基础上学习 Python 控制硬件，硬件基本没变，只是改用 Python 语言编写程序，更高阶段可以进一步学习 Python、C、C++ 等语言，硬件方面可以学习单片机、3D 打印机、机器人、无人机等。

本丛书按核心知识、核心素养来安排课程，由简单到复杂，体现知识的递进性，形成层次分明、循序渐进、逻辑严谨的知识体系。在内容选择上，尽量以趣味性为主、科学性为辅，知识技能交替进行，内容丰富多彩，采用各种方法激活学生兴趣，尽可能展现未来科技，为读者打开通向未来的一扇窗。

我国是制造业大国，与之相适应的教育体系仍在完善。在义务教育阶段，职业和工业体系的相关内容涉及较少，工业产品的发明创造、工程知识、工匠精神等方面知识较欠缺，只能逐步将这些内容渗透到入门教学的各环节，从青少年抓起。

丛书编写时，坚持"五育并举，学科融合"这一教育方针，并贯彻到教与学的每个环节中。本丛书采用项目式体例编写，用一个个任务将相关知识有机联系起来。例如，编程显示语文课中的诗词、文章，展现语文课中的情景，与语文课程紧密相连，编程进行数学计算，进行数学相关知识学习。此外，还可以编程进行英语方面的知识学习，创建多学科融合、共同提高、全面发展的教材编写模式，探索多学科融合，共同提高，达到考试分数高、综合素质高的教育目标。

五育是德、智、体、美、劳。将这五育贯穿在教与学的每个过程中，在每个项目中学习新知识进行智育培养的同时，进行其他四育培养。每个项目安排的讨论和展示环节，引导读者团结协作、认真做事、遵守规章，这是教学过程中的德育培养。提高读者语文的写作和表达能力，要求编程界面美观，书写工整，这是美育培养。加大任务量并要求快速完成，做事吃苦耐劳，这是在实践中同时进行的劳育与体育培养。

本丛书特别注重思维能力的培养，知识的扩展和知识图谱的建立。为打破学科之间的界限，本丛书力图进行学科融合，在每个项目中全面介绍项目相关的知识，丰富学生的知识广度，加深读者的知识深度，训练读者的多向思维，从而形成解决问题的多种思路、多种方法、多种技能，培养读者的综合能力。

本丛书将学科方法、思想、哲学贯穿到教与学的每个环节中。在编写时将学科思想、学科方法、学科哲学在各项目中体现。每个学科要掌握的方法和思想很多，具体问题要具体分析。例如编写程序，编写时选用面向过程还是面向对象的方法编写程序，就是编程思想；程序编写完成后，编译程序、运行程序、观察结果、调试程序，这些是方法；指令是怎么发明的，指令在计算机中是怎么运行的，指令如何执行……这些问题里蕴含了哲学思想。以上内容在书中都有涉及。

  本丛书特别注重读者工程方法的学习，工程方法一般包括 6 个基本步骤，分别是想法、概念、计划、设计、开发和发布。在每个项目中，对这 6 个步骤有些删减，可按照想法（做个什么项目）、计划（怎么做）、开发（实际操作）、展示（发布）这 4 步进行编写，让学生知道这些方法，从而培养做事的基本方法，养成严谨、科学、符合逻辑的思维方法。

  教育是一个系统工程，包括社会、学校、家庭各方面。教学过程建议培训家长，指导家庭购买计算机，安装好学习软件，在家中进一步学习。对于优秀学生，建议继续进入专业培训班或机构加强学习，为参加信息奥赛及各种竞赛奠定基础。这样，社会、学校、家庭就组成了一个完整的编程教育体系，读者在家庭自由创新学习，在学校接受正规的编程教育，在专业培训班或机构进行系统的专业训练，环环相扣，循序渐进，为国家培养更多优秀人才。国家正在推动"人工智能""编程""劳动""科普""科创"等课程逐步走进校园，本丛书编委会正是抓住这一契机，全力推进这些课程进校园，为建设国家完善的教育生态系统而努力。

  本丛书特别为人工智能编程走进学校、走进家庭而写，为系统化、专业化培养人工智能人才而作，旨在从小唤醒读者的意识、激活编程兴趣，为读者打开窥探未来技术的大门。本丛书适用于父母对幼儿进行编程启蒙教育，可作为中小学生"人工智能"编程教材、培训机构教材，也可作为社会人员编程培训的教材，还适合对图形化编程有兴趣的自学人员使用。读者可以改变现有游戏规则，按自己的兴趣编写游戏，变被动游戏为主动游戏，趣味性较高。

  "编程"课程走进中小学课堂是一次新的尝试，尽管进行了多年的教学实践和多次教材研讨，但限于编者水平，书中不足之处在所难免，敬请读者批评指正。

丛书顾问委员会
2024 年 5 月

  本册教材在学习了图形化编程和电子元器件、电子 CAD 和机械 CAD 的基础上，选择典型的、常用的、有趣的实用产品，全面介绍一个智能产品的开发过程，同时用已学过的电子 CAD 软件制作出产品原理图，保证知识无缝衔接，平稳过渡。

  本册的产品有八音盒、直升机、红外遥控台灯、救护车、智能电扇、伸缩门、四驱坦克、机器人、幸运转盘、摩天轮、交通灯、游缆车、地球仪、空间站，这些美观实用的产品，既增加了趣味性，也进一步提高了课程的吸引力。

  本书主编由蕲春县童创未来创客中心陈新星，麻城市博达学校涂正元，黄梅县智未来科技有限公司胡正一担任。副主编由麻城市博达学校杨丽萍、吴娟意、刘洁，无锡科技职业学院龚运新担任。

  人工智能是当今迅速发展的产业，是一个全新事物，一切还在快速发展和创新中，书中难免存在不足之处，敬请广大读者见谅。

  需要书中配套材料包的读者可发送邮件至 33597123@qq.com 咨询。

编　者
2024 年 4 月

目录

项目 15　八音盒　　1

任务 15.1　八音盒机械设计及制作 ……………………………………… 2
任务 15.2　八音盒控制电路设计及制作 ………………………………… 7
任务 15.3　八音盒编程控制 ……………………………………………… 11
任务 15.4　总结及评价 …………………………………………………… 15

项目 16　直升机　　17

任务 16.1　直升机机械设计及制作 ……………………………………… 18
任务 16.2　直升机控制电路设计及制作 ………………………………… 22
任务 16.3　直升机编程控制 ……………………………………………… 26
任务 16.4　总结及评价 …………………………………………………… 30

项目 17　红外遥控台灯　　31

任务 17.1　红外遥控台灯机械设计及制作 ……………………………… 32
任务 17.2　红外遥控台灯控制电路设计及制作 ………………………… 36
任务 17.3　红外遥控台灯编程控制 ……………………………………… 42
任务 17.4　总结及评价 …………………………………………………… 44

项目 18　救护车　46

任务 18.1　救护车机械设计及制作 …… 47
任务 18.2　救护车控制电路设计及制作 …… 54
任务 18.3　救护车编程控制 …… 56
任务 18.4　总结及评价 …… 60

项目 19　智能电扇　62

任务 19.1　智能电扇机械设计及制作 …… 63
任务 19.2　智能电扇控制电路设计及制作 …… 69
任务 19.3　智能电扇编程控制 …… 74
任务 19.4　电扇的发展史 …… 78
任务 19.5　总结及评价 …… 82

项目 20　伸缩门　84

任务 20.1　伸缩门机械设计及制作 …… 85
任务 20.2　伸缩门控制电路设计及制作 …… 89
任务 20.3　伸缩门编程控制 …… 93
任务 20.4　总结及评价 …… 97

项目 21　四驱坦克　99

任务 21.1　四驱坦克机械设计及制作 …… 100
任务 21.2　四驱坦克控制电路设计及制作 …… 106
任务 21.3　四驱坦克编程控制 …… 111
任务 21.4　总结及评价 …… 115

项目 22　机器人　116

- 任务 22.1　机器人机械设计及制作 …………………………… 117
- 任务 22.2　机器人控制电路设计及制作 ………………………… 123
- 任务 22.3　机器人编程控制 ……………………………………… 127
- 任务 22.4　总结及评价 …………………………………………… 131

项目 23　幸运转盘　132

- 任务 23.1　幸运转盘机械设计及制作 …………………………… 133
- 任务 23.2　幸运转盘控制电路设计及制作 ……………………… 138
- 任务 23.3　幸运转盘编程控制 …………………………………… 141
- 任务 23.4　总结及评价 …………………………………………… 146

项目 24　摩天轮　147

- 任务 24.1　摩天轮机械设计及制作 ……………………………… 148
- 任务 24.2　摩天轮控制电路设计及制作 ………………………… 153
- 任务 24.3　摩天轮编程控制 ……………………………………… 155
- 任务 24.4　总结及评价 …………………………………………… 159

项目 25　交通灯　161

- 任务 25.1　交通灯机械设计及制作 ……………………………… 162
- 任务 25.2　交通灯控制电路设计及制作 ………………………… 167
- 任务 25.3　交通灯编程控制 ……………………………………… 170
- 任务 25.4　总结及评价 …………………………………………… 173

项目 26　游缆车　　175

任务 26.1　游缆车机械设计及制作 …………………………………… 176

任务 26.2　游缆车控制电路设计及制作 ………………………………… 181

任务 26.3　游缆车编程控制 ……………………………………………… 184

任务 26.4　总结及评价 …………………………………………………… 187

项目 27　地球仪　　189

任务 27.1　地球仪机械设计及制作 ……………………………………… 190

任务 27.2　地球仪控制电路设计及制作 ………………………………… 194

任务 27.3　地球仪编程控制 ……………………………………………… 198

任务 27.4　总结及评价 …………………………………………………… 202

项目 28　空间站　　204

任务 28.1　空间站机械设计及制作 ……………………………………… 205

任务 28.2　空间站控制电路设计及制作 ………………………………… 209

任务 28.3　空间站编程控制 ……………………………………………… 213

任务 28.4　总结及评价 …………………………………………………… 218

项目 15　八 音 盒

　　八音盒的制作技艺精湛，其清晰的音质给人们带来美妙的享受。如今八音盒已成为人们走亲访友的馈赠佳品。早期的八音盒是机械的，现在发明了电子八音盒。机械八音盒（Music box）是一种通过转动盒内的发条驱动，可自动演奏音乐的机械发音乐器。八音盒主要由动力源（发条或摇把等）、音筒、音板、阻尼、底板、传动机构等部分组成。其原理是动力带动表面有小凸起的音筒匀速转动，当凸起经过音板音条时会拨动簧片，使簧片按设定的振动频率振动从而发出设定的声音。

　　本项目制作电子八音盒，八音盒由 CPU 主芯片、无源蜂鸣器组成，通过编程发出美妙的八音盒声音。设计一个美观的八音盒纸板模型，编好程序拷入芯片中，再将电子器件植入盒中，最终完成八音盒的拼装；完成发出小段歌曲《两只老虎》的程序编写。

任务 15.1　八音盒机械设计及制作

随着科技的进步，八音盒的外观、造型、音乐也在不断地发展，已经远远超越其本身的价值，甚至已经变成一个艺术品。

15.1.1　机械零部件选择

八音盒都是由底座、盒体、喇叭、开关、主板等部件组成。灯座电器部件可以在市场购买。

1. 盒体

盒体是八音盒的支架，同时兼作电池盒及固定电器之用。

2. 底座

底座要求结构简单，运输方便，便于收纳，保证八音盒稳定，不易翻倒。

3. 主板

八音盒使用 Arduino UNO 主板，CPU 芯片使用 ATmega328P-PN，该芯片使用广泛，质量稳定，价格便宜。

15.1.2　八音盒机械 CAD 组装图设计

用 CAD 设计八音盒系统时，先要进行系统总设计，再进行零部件设计，总设计时要全面考虑机械和电子控制系统的位置和安装。

1. 系统总设计

系统机械部分总设计时要考虑机械整体尺寸、部件形状、机械加工精度和加工方法；另外还要考虑电器部件的大小、放置位置等。本项目使用 CorelDRAW 软件，该软件是配备齐全的专业平面图形设计软件，可以高效地提供令人惊艳的矢量插图、布局、照片编辑和排版项目。CorelDRAW 软件具有一流的性能，以及对最新技术的支持，是一款优秀软件。下面细述设计步骤。

第一步：把需要的电器模块按1∶1的比例在图纸上画出，如图15-1所示。

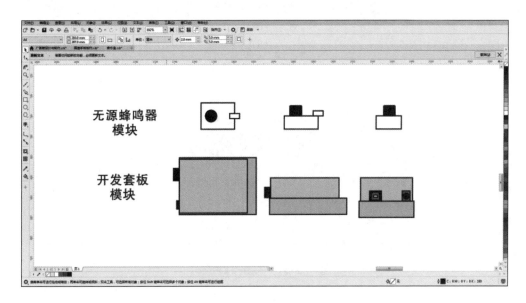

图 15-1　电器实物尺寸

第二步：根据电器部件尺寸及样品需求，设计对应的尺寸及电器部件位置关系，如图15-2所示。

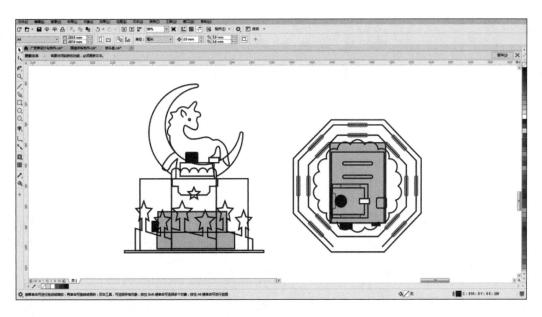

图 15-2　位置图

第三步：根据第二步的视图做外壳展开设计，如图15-3所示。

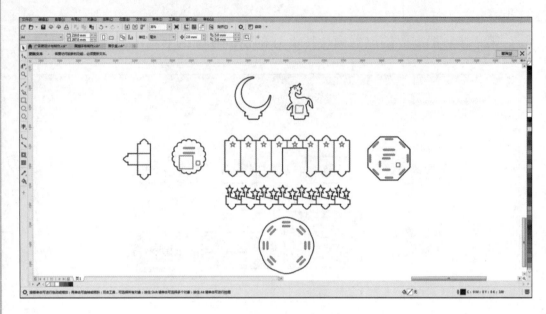

图15-3　平面设计图

2. 部件设计

系统中各部件要分别设计加工图纸，图纸设计好后，再送加工厂加工，下面以图15-3中直线为例，介绍设计时机械CAD软件的使用方法，同时学习直线知识点。

（1）打开中望机械CAD软件，出现如图15-4所示的工作界面，选择左侧"绘图"工具栏中"直线"命令，在绘图区任意位置单击指定直线的第一个点。

（2）单击下方状态栏中的"正交"（图标变亮，代表该命令已打开），鼠标指针往起点上方移动，输入"40"确定（在CAD中，执行命令需要输入字母或数字时，按下回车键或者空格键表示确定，也可以表示结束命令），即可绘制出一条长度为40的线段。鼠标指针向右移动，输入"30"确定；鼠标指针向上移动，输入"30"确定；鼠标指针向右移动，输入"40"确定；鼠标指针向下移动，输入"100"确定；鼠标指针向左移动，输入"40"确定；鼠标指针向上移动，输入"30"确定；鼠标指针向左移动，输入"30"确定，回到起点。

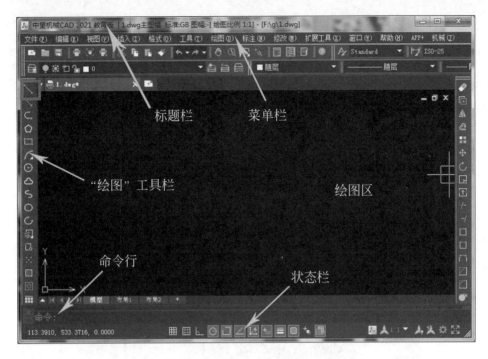

图 15-4 工作界面

（3）单击下方状态栏中的"极轴" ，右击选择"设置"，在打开的对话框中的"增量角度"选择下拉列表中的"45"，单击"确定"按钮，如图 15-5 所示。

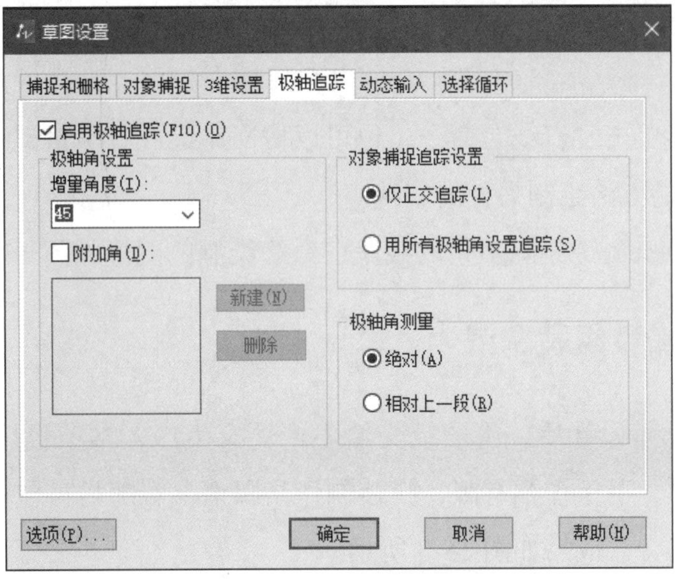

图 15-5 极轴设置

（4）选择"直线"工具，在起点处单击，鼠标指针向上移动，输入"20"确定；鼠标指针向左移动，输入"15"确定；鼠标指针移动到45°会出现绿色的提示线，输入"13"确定，如图15-6所示。鼠标指针向右移动，捕捉到交点单击"确定"按钮；按空格键结束直线命令。

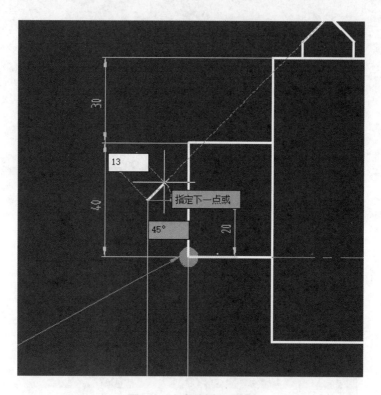

图 15-6 极轴提示线

（5）继续单击"直线"命令（也可以按回车键或者空格键重复前一次命令），用同样的方法绘制另外的斜线。

（6）按 Delete 键删除多余的线段，最终绘制的图形如图 15-7 所示。

15.1.3 机械件组装调试

在进行总体设计后，将图纸交给生产厂家生产，本项目用2cm厚的瓦楞纸进行制作。由于篇幅有限，拼装制作步骤请参看随材料包一起的拼装指导书。最终八音盒成品如图 15-8 所示。

项目 15　八音盒

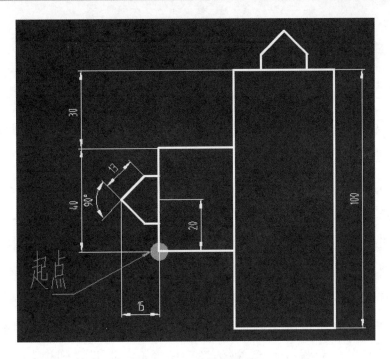

图 15-7　最终效果图

图 15-8　最后作品

任务 15.2　八音盒控制电路设计及制作

本任务完成八音盒系统的电路原理框图设计、硬件电路设计和软件程序设计。在电路原理图设计之前,首先要选定元器件,了解元器件的使用方法。

15.2.1 电子元器件选择

制作一个八音盒,在电气控制方面要用到微型计算机控制板和无源蜂鸣器。控制板的每个项目都是一样的,都是用"Arduino UNO 主控板",该主板在本系列书的上册做了详细叙述,下面详述无源蜂鸣器。

无源蜂鸣器是一种常见的声音发生器,由振膜、共振腔和驱动电路组成。振膜是无源蜂鸣器发声的关键部件,通常由金属或塑料材料制成,具有较好的振动特性。共振腔是一个封闭的空间,用于增强和放大振膜的振动。驱动电路则负责将直流电信号转换为交流电信号,通过驱动振膜产生声音。

无源蜂鸣器的工作原理与扬声器相同,主要是通过一个简单的电路将直流电信号转换为可听见的声音。具体来说,当驱动电路工作时,振荡器产生的频率信号通过放大器放大后,被传送到振膜上。振膜受到频率信号的作用,开始振动。振动的振膜通过共振腔放大,进一步增强振膜的振动幅度。振膜的振动使得周围空气产生振荡,从而产生声音。无源蜂鸣器的声音主要取决于振荡器产生的频率信号,蜂鸣器外观如图 15-9 所示。

图 15-9　蜂鸣器

15.2.2 八音盒电子 CAD 原理图设计

原理图设计是根据应用功能需要,选择购买器件,将器件用导线连接成控制电路,组成一个实用的产品,将这些电路用专用电气符号在计算机中制作出图纸,便于生产、维修和存档。图纸可以人工制作,也可以用计算机制作,现在全部用计算机制作,其制作过程是:先在专用软件中画出原理图,再用打印机打印出图纸。下面具体制作原理图。

1. 放置元器件

在原理图设计界面中的左边竖立工具页标签中找到"常用库"页标签,单击"常用库"页标签后,所有常用元器件出现在左边窗口中,在窗口中选中电位器 PR1(名字可改),双击后该元器件处于浮动状态,移动鼠标指针时,该元器件也移动,在双线红框(图纸)中的点格上找到中心点,单击后放下元件。按 Esc 键退出放置状态,可进行下一个元器件的放置。分别可放置芯片 ATmega328P-PN、喇叭、三极管 $Q1$、电阻 $R1$、+5V 电源、GND 各器件。

2. 放置导线

器件放置后再进行导线连接,在工程设计界面的主菜单栏中找到"放置"菜单,单击后,出现下拉菜单,在下拉菜单中选择"导线",此时鼠标指针位置出现一个十字线,随着鼠标移动,选定导线起点后单击,鼠标指针此时还是十字线,再将鼠标指针移动到终点,单击,一条导线放置完成。按 Esc 键退出放置状态,可进行下一条导线的放置。

3. 保存文件

单击"文件"菜单,在文件下拉菜单中选择"另存为",再在下拉菜单中选择"工程另存为",弹出文件保存窗口,在窗口中选择存储的盘号或桌面,例如 D 盘或桌面,在窗口中右击,在出现的下拉菜单中,选择"建立新文件夹",命名为 123,再打开 123 文件夹,命名为 5x01,保存即可。经过以上绘制后,一个简单原理图设计完成,如图 15-10 所示。

15.2.3 八音盒电路制作调试

设计好原理图后,一般要同时设计好印制电路板(PCB),做 PCB 需要专门的厂家,价格较高,本项目将表 15-1 所示的电子元器件,做成一个小模块，小模块之间直接连接。

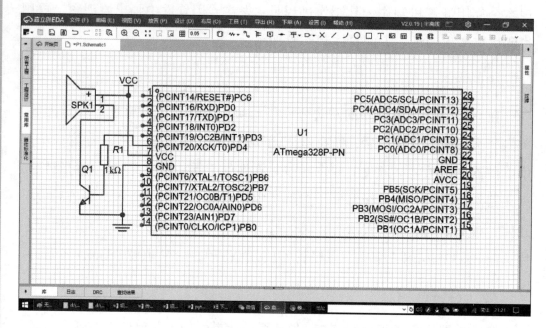

图 15-10　八音盒电路图

表 15-1　器件规格和外形

器 件 规 格	外　　形
① 若干彩色连接线	
② 1 个三极管	
③ 1 个 1kΩ 电阻	
④ 1 个喇叭	

本项目将分立器件做成一个蜂鸣器小模块，小模块形式专为初学者或专门学习编写程序的读者设计，每个小模块只需连接 3~4 根线即可，注意一下正、负极（图中标明部分）。

蜂鸣器小模块的接线为 3 个接线端子，分别是 VCC、GND 和 I/O，DC+ 接电源 5V 正极，DC- 接电源负极（地），I/O 信号线接主板上数字标号为 4 的端口，如图 15-11 所示。

无源

图 15-11　硬件接线图

15.2.4　硬件调试

制作好电路后，要对电路进行检查，检查方法有多种，本项目用万用表测试。测试方法是：用黑表笔接蜂鸣器"+"引脚，红表笔在另一引脚上来回碰触，如果能发出持续声音，且电阻在几百欧以上的，是有源蜂鸣器，且蜂鸣器正常；如果不能发出持续声音，或者电阻很小（小于 10Ω）的，是无源蜂鸣器，且蜂鸣器正常。

任务 15.3　八音盒编程控制

设计好电路图和用电子元器件制作好电路后，测试也没有问题，下一步就进行编程控制，在编程之前要对指令进行了解。

15.3.1　指令介绍

现在是用 Mind+ 编写程序，Mind+ 用的是 Arduino 集成开发环境，下面具体介绍程序的编写方法。首先学习程序中用到的指令，看看它们是如何工作的。本项目用到的指令如表 15-2 所示。

表 15-2 图形化指令

所属模块	指令	功能
Arduino	引脚# 11 蜂鸣器音调 C2	设定蜂鸣器引脚指令
控制	变量 i 从 0 到 10 步进 1	变量变化范围设定指令

15.3.2 八音盒图形化编程

打开 Mind+，完成前一课中所学的加载扩展 Arduino UNO 库，并用 USB 线将主板和计算机相连。

第一步：打开"图形化编程"软件，单击左下角"扩展"，在"Arduino 主控板"选项下添加"Arduino UNO 主控板"，如图 15-12 所示。

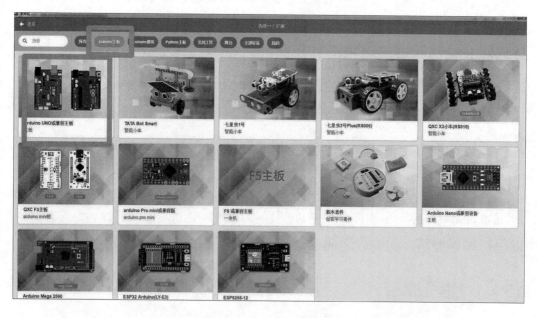

图 15-12 主板选择界面

第二步：从左边的"Arduino UNO"选项中，找到 ；从"控

制"和"蜂鸣器模块"选项中，分别找到 ，完成下面的编程，如图 15-13 所示。

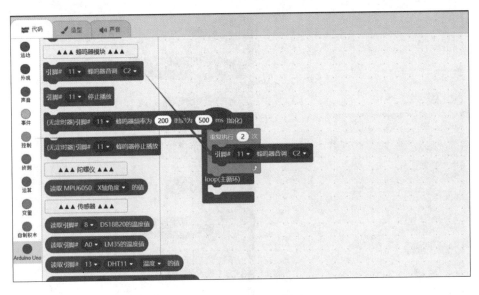

图 15-13　蜂鸣器编程

第三步：从左边的"控制"选项中，找到 等待 1 秒，将里面的参数"1"更改成"0.2"，再将引脚信息改成"4"，完成下面的编程，如图 15-14 所示。

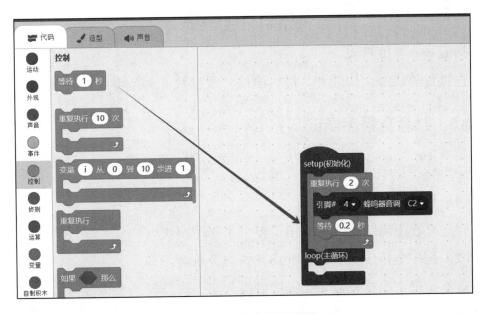

图 15-14　定义引脚程序

第四步：根据《两只老虎》简谱，重复第二步和第三步，完成下面的编程，如图15-15所示。

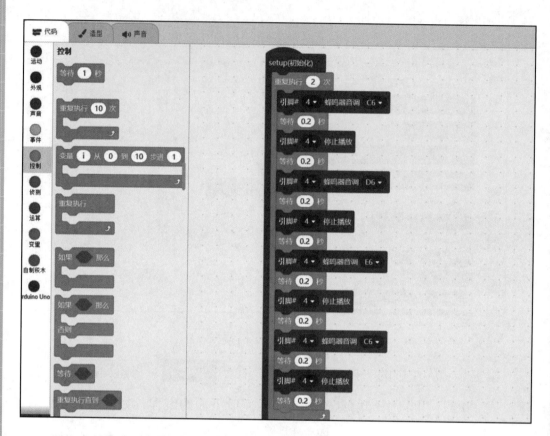

图15-15 完整程序

第五步：上传测试。

连接计算机并上传编程，进行测试，观察八音盒是否正常工作。

15.3.3 八音盒程序调试

图形化编程不成功的几个现象如下。

（1）程序上传失败。

程序存在逻辑错误或者使用了多个主程序模块。

（2）程序上传成功后，会听到美妙的音乐声。

若不正确，则检查数字引脚接口或程序引脚设置是否错误。本项目编写程序测试。

任务 15.4 总结及评价

自主评价式的展示。说一说制作八音盒的全过程,请同学们介绍所用每个电子元器件的功能,电子 CAD 使用方法和步骤,每条指令的作用和使用方法。展示一下自己制作的八音盒作品。

1. 任务完成情况调查

小组集体相互检查任务完成情况,完成后在表 15-3 中打"√"。

表 15-3 打分表

序 号	任务 1	任务 2	任务 3	任务 4	任务 5
完成情况					
总 分					

2. 行为考核指标

行为考核指标,主要采用批评与自我批评、自育与互育相结合的方法。同时采用自我考核和小组考核,班级评定方法。班级每周进行一次民主生活会,就自己的行为指标进行评议,考核指标如表 15-4 所示。

表 15-4 德育项目评分

项 别	内 容	评分	备 注
7S	整理		
	整顿		
	清扫		
	清洁		
	素养		
	安全		
	节约		
学习态度	上课认真听讲		
	不玩游戏		
	不迟到		
	不早退		
	任务完成情况		

续表

项　别	内　　容	评分	备　　注
团队合作	服从分工		
	积极回答他人问题		
	帮助做事		
	关心集体荣誉		
	参与小组活动		

3. 集体讨论题

（1）集体讨论如何编写出美妙的音乐程序。

（2）自己编写一个美妙的音乐程序。

4. 思考与练习

（1）叙述产品开发的步骤。

（2）叙述并写出编程思路。

项目 16 直 升 机

直升机（helicopter）是一种由至少两个或多个水平旋转的旋翼提供向上升力和推进力而进行飞行的航空器。直升机具有垂直升降、悬停、小速度向前或向后飞行的特点，缺点是速度低、耗油量较高、航程较短，是典型的军民两用产品，可以广泛地应用在运输、巡逻、旅游、救护等多个领域。

本项目制作直升机，直升机由 CPU 主芯片和直流电机组成。本项目设计一个美观的直升机纸板模型，编好程序拷入芯片中，再将电子器件植入直升机中，完成直升机的拼装；同时完成直升机螺旋桨持续转动效果的程序编写。

任务 16.1　直升机机械设计及制作

直升机主要由机体和升力（含旋翼和尾桨）、动力、传动三大系统以及机载飞行设备等组成。旋翼一般由涡轮轴发动机或活塞式发动机通过由传动轴及减速器等组成的机械传动系统驱动，也可由桨尖喷气产生的反作用力驱动。按大小分类，直升机可分为轻型直升机、中型直升机和重型直升机三类。

16.1.1　机械零部件选择

直升机的结构主要包括旋翼、机身、尾部组件三部分，它们协同工作，通过旋翼产生升力和推力来实现飞行。

1．旋翼

旋翼是直升机最重要的部分之一，它是直升机产生升力和推力的关键，也是直升机与其他航空器不同的最显著特征。旋翼由桨叶、转轴、轴承、旋翼头等多个组件组成，其中桨叶是最重要的部分。桨叶由高强度材料制成，形状为弯曲状，其可以改变桨盘的倾斜角度和旋转方向，从而实现升力和推力的控制。

2．机身

直升机的机身是旋翼系统下部的支撑结构，为直升机提供支持和稳定性。机身的主要部分包括机身结构、引擎、液压系统、电气系统、燃油系统等多个部分。机身结构是直升机的主体骨架，它由许多构件组成，包括机身框架、舱壁、底板、地台、氧气瓶等。引擎是直升机的能源来源，它通常安装在机身的中央。液压系统和电气系统则提供直升机所需的动力和控制信号。燃油系统用于储存和输送燃料，保证引擎在飞行过程中不会出现燃料不足的情况。

3．尾部组件

尾部组件包括尾旋翼、侧向推进器、方向舵等，它们的主要作用在于控

项目 16　直升机

制直升机的稳定性和方向姿态。尾旋翼是直升机后部的旋翼，其作用是抵消主旋翼产生的扭矩，同时也能控制直升机的纵向运动。侧向推进器和方向舵则用于控制直升机保持横向和方向的稳定性。

16.1.2　直升机机械 CAD 组装图设计

平面图形设计软件有很多种，本项目使用 CorelDRAW 专业平面图形设计软件，下面以设计一个直升机为例，介绍该软件的使用方法。

1. 总体构思设计

用 CAD 设计直升机控制系统时，先要进行系统总设计，再进行零部件设计，总设计时要全面考虑机械和电子控制系统的位置和安装。系统总设计时，对于机械部分要考虑机械整体尺寸、部件形状、机械加工精度和加工方法；另外还要考虑电器部件的大小、放置位置等，下面细述设计步骤。

第一步：按 1∶1 的比例画出所需要的电器，如图 16-1 所示。

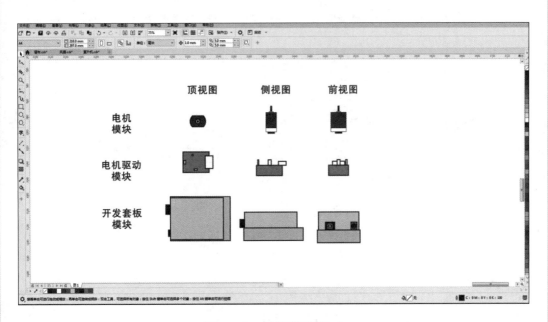

图 16-1　电器实物尺寸

第二步：根据电器尺寸设计飞机外形尺寸及电器部件位置关系，如图 16-2 所示。

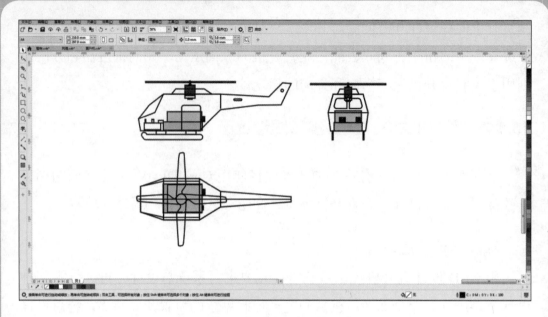

图 16-2　电器尺寸图

第三步：根据第二步的视图做飞机展开设计，并加上插口及用钉子的位置，如图 16-3 所示。

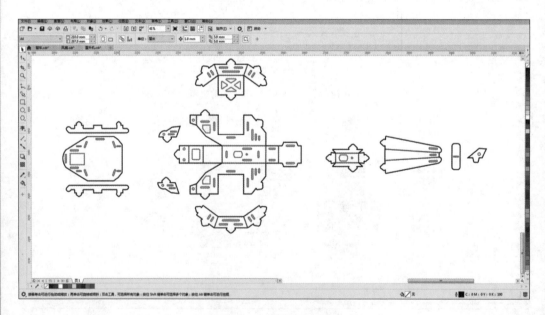

图 16-3　系统设计图

2．部件设计

系统中各部件要分别设计加工图纸，图纸设计好后，再送加工厂加工，

项目 16 直升机

下面以图 16-3 中的圆角矩形为例,介绍设计时机械 CAD 软件的使用方法,同时训练矩形知识点。

(1)打开机械 CAD 软件,在"绘图"工具栏中选择矩形工具,先输入"F",按"空格"键确定,再输入"3",按"空格"键确定,设置矩形的圆角半径为 3。在绘图区任意地方单击,确定矩形的第一点。

(2)输入"D",按"空格"键确定,指定矩形的尺寸。输入"10",按"空格"键确定,指定矩形的长度;输入"30",按"空格"键确定,指定矩形的宽度;最后单击指定矩形的位置。最终绘制的图形如图 16-4 所示。

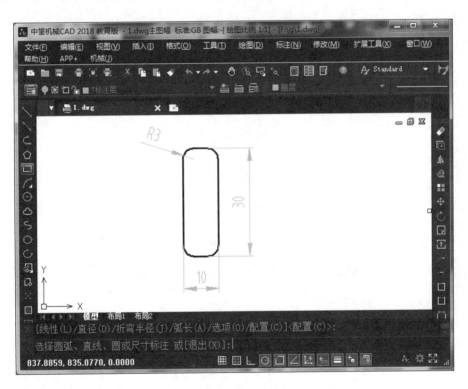

图 16-4 设计图形

16.1.3 机械件组装调试

在进行总体设计后,将图纸交给生产厂家生产,本项目用 2mm 厚的瓦楞纸进行制作。由于篇幅有限,拼装制作步骤请参看随材料包一起的拼装指导书。最终直升机成品如图 16-5 所示。

 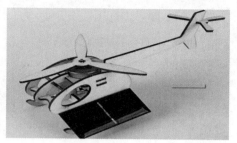

图 16-5 直升机成品

一个电子产品的开发过程要经历产品硬件开发和软件开发。硬件开发要进行电路原理图设计和 PCB 图设计→PCB 专业厂家制作 PCB→焊接电子元器件→调试产品→产品使用→小批量生产→小范围试用→产品定型→产品质检→生产许可→大批量生产→投放市场→售后服务。在学校训练中，硬件制作要花费一定费用，为了节约费用一般自己制作 PCB（相关技术将专门训练和讲解），也可用面包板和万能板自己搭建。

任务 16.2　直升机控制电路设计及制作

本任务完成直升机系统的电路原理框图设计、硬件电路设计和软件程序设计。在电路原理图设计之前，首先要选定元器件，了解元器件的使用方法。

16.2.1　电子元器件选择

制作一个直升机，在电气控制方面要用到微型计算机控制板、直流电机，每个项目的控制板都是一样的，下面详述直流电机。

直流电机是指能将直流电能转换成机械能（直流电机）或将机械能转换成直流电能（直流发电机）的旋转电机。它是能实现直流电能和机械能互相转换的电机。作为电动机运行时，它是直流电机，将电能转换为机械能；作为发电机运行时，它是直流发电机，将机械能转换为电能。直流电机的外形如图 16-6 所示。

图 16-6　直流电机

16.2.2　直升机电子 CAD 原理图设计

打开 CAD 软件，在主界面中可放置各种器件。器件放置完毕后，再放置导线，保存文件，命名为 5x02，设计后的原理图如图 16-7 所示。

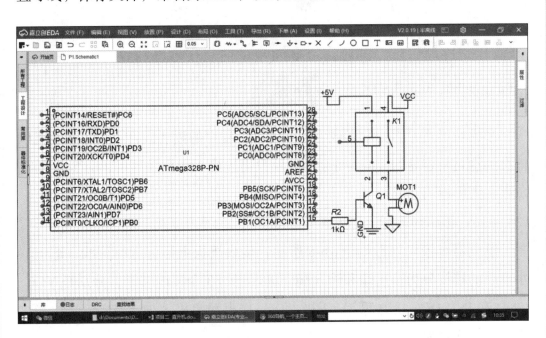

图 16-7　直升机原理图

本项目可分别放置芯片 ATmega328P-PN、继电器 $K1$、直流电机 MOT1、三极管 $Q1$、电阻 $R2$、+5V 电源、GND 各器件。注意电机回路最好用单独的电源，以免干扰 CPU 回路，而且两电源的负极也不要相连，接好大地线。

16.2.3　直升机电路硬件制作调试

直流电机可以用继电器来驱动控制，也可以用专门的直流电机驱动器控制,下面分别介绍这两种控制方法。

1. 继电器控制

设计好原理图后,一般要同时设计好印制电路板(PCB),做 PCB 需要专门的厂家,价格较高。本项目将表 16-1 中分立的电子元器件按图 16-7 连线,做成一个小模块,即继电器模块。小模块与主板之间直接用线连接。

表 16-1 器件规格和外形

器件规格	外形
① 若干彩色连接线	
② 1 个三极管	
③ 1 个 10kΩ 电阻	
④ 1 个继电器 HRS1H-S-DC5V	relay

小模块形式专为初学者或专门学习编写程序的读者设计,大家现在可以体会到这是最容易的连线,每个小模块只需连接 3~4 根线即可,注意一下正、负极(图中标明部分)。

1)继电器小模块

继电器小模块外形如图 16-8 所示,接线按板上标注进行连线,继电器小模块的接线分为输出端和输入端。输入端的 3 个接线端子,分别是 VCC、GND 和 IN,DC+ 接电源 5V 正极,DC- 接电源负极(地),IN 信号线接主板上数字标号为 9 的插孔。

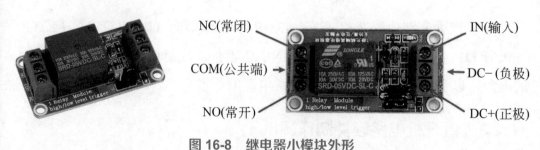

图 16-8 继电器小模块外形

2）硬件连接

小型继电器模块输出端的 3 个接线端口分别是继电器的常开触点 NO、常闭触点 NC 和公共端 COM。直流电机的两个接线端子，一个连接继电器小模块的常开触点 NO，另一个连接 5V 电源负极。继电器小模块的公共端 COM 接电源正极。

图 16-9　硬件接线图

各器件连接方法汇总如表 16-2 所示，按表连线，连好线的实物控制系统，如图 16-9 所示（图中线未接）。

表 16-2　各器件连接方法汇总

模　块	端口	引脚名	功　　能	主板数字标号
继电器	输入	IN	继电器信号端	9
		VCC	电源正极	5V
		GND	电源负极	GND
	输出	常闭	接外部设备的常闭触点	
		公共	接外部设备的公共端	电机电源正极一根线
		常开	接外部设备的常开触点	电机电源正极另一根线

2. 直流电机驱动模块

直流电机驱动模块，用模块直接控制电机调速，达到智能控制，控制模块如图 16-10（b）所示。

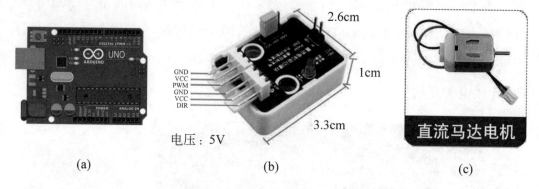

图 16-10　直升机硬件接线图

各模块连接方法汇总如表 16-3 所示，按表连线，连好线的实物控制系统，如图 16-10 所示（图中线未接）。

表 16-3　接线汇总

模　　块	引　脚　名	功　　能	主板数字标号
直流电机驱动	DIR	电机方向信号端	8
	PWM	电机控制信号端	5

3. 硬件调试

制作好电路后，要对电路进行检查，检查方法用电压注入法，本项目只要在 9 号引脚注入 5V 电压测试，用带 5V 电压的导线触碰 9 号引脚，就会听到继电器吸合声响，说明电路正常。

任务 16.3　直升机编程控制

设计好电路图和用电子元器件制作好电路后，测试也没有问题，下一步就进行编程控制，编程时有两种电路编程方法，继电器控制编程可仿照呼吸灯项目编写，下面详细介绍直流电机驱动的编程方法，在编程之前要对指令进行了解（本项目使用创启迪配套硬件）。

16.3.1 指令介绍

现在是用"创启迪"软件编写程序,"创启迪"用的是 Arduino 集成开发环境,下面具体介绍程序的编写方法。现在学习一下程序中用到的指令是如何工作的。本项目用到的新指令如表 16-4 所示。

表 16-4 图形化指令

所属模块	指 令	功 能
Arduino	设置电机转速(-255~255) 200 调速端 5 方向端 8	设定直流电机转速和方向指令
Arduino	多功能按键 引脚# 2 模式 单击	按键设定指令

编写该指令测试程序,如图 16-11 所示。

图 16-11 测试程序

输入程序后,单击右上方" ",电机运动的方向是顺时针转动(正转),在数值"200"前面加上负号变成"-200"。再次单击右上方" ",电机运动的方向是逆时针转动(反转),当输入数字"0"时,电机停止转动。

由此分析,更改电机运动反向可以在数值前加"-",更改动力数值大小可以控制运动快慢和停止。

16.3.2 直升机图形化编程

打开 Mind+,完成前一课中所学的加载扩展 Arduino UNO 库,并用 USB 线将主板和计算机相连,完成直升机的电机持续转动的编程任务。接线如表 16-3 所示。

第一步：打开"图形化编程"软件，单击左下角"扩展"，在"Arduino 主控板"选项下添加"Arduino UNO 主控板"。

第二步：从左边的"Arduino UNO"选项中，找到 ；从"直流电机驱动"选项中，找到 设置电机转速(-255~255) 200 调速端 5 方向端 8，再将速度参数"200"调整为"50"，完成参数设定的编程，如图 16-12 所示。

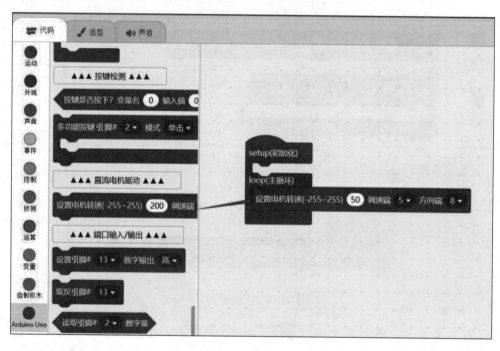

图 16-12　电机参数设定

第三步：从左边的"控制"选项中，找到 等待 1 秒，完成延时的编程，如图 16-13 所示。

第四步：从"直流电机驱动"选项中，找到 设置电机转速(-255~255) 200 调速端 5 方向端 8，再将速度参数"200"调整为"-50"，从左边的"控制"选项中，找到 等待 1 秒，完成编程设计，如图 16-14 所示。

第五步：上传测试。

连接计算机并上传编程，进行测试，观察直升机是否正常工作。

项目 16　直升机

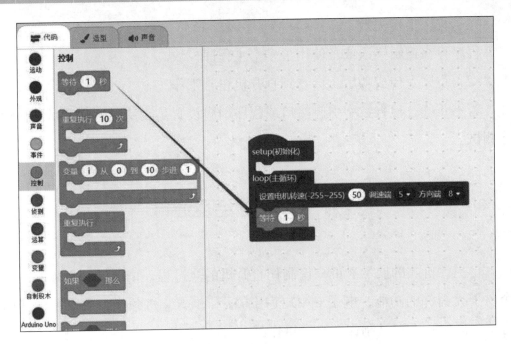

图 16-13　延时程序

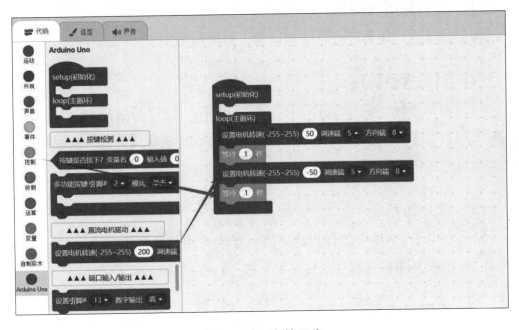

图 16-14　完整程序

16.3.3　直升机程序调试

图形化编程不成功的几个现象如下。

（1）程序上传失败。

程序存在逻辑错误或者使用了多个主程序模块。

（2）程序上传成功后，会看到直升机正常工作。

若不正确，检查数字引脚接口或程序引脚设置是否错误。本项目编写程序测试。

任务 16.4　总结及评价

自主评价式的展示。说一说制作直升机的全过程，请同学们介绍所用每个电子元器件的功能，电子 CAD 使用方法和步骤，每条指令的作用和使用方法。展示一下自己制作的直升机作品。

1. 任务完成大调查

任务完成后，还要进行总结和讨论，教学时可用表 15-3 进行打分。

2. 行为考核指标

行为考核指标，主要采用批评与自我批评、自育与互育相结合的方法。同时采用自我考核和小组考核，班级评定方法。班级每周进行一次民主生活会，就自己的行为指标进行评议，教学时可用表 15-4 进行评分。

3. 集体讨论题

（1）在电子 CAD 中怎样找到你需要修改的元器件数值？

（2）怎样判断各元器件的好坏？

4. 思考与练习

（1）通过观察，你知道让螺旋桨保持持续转动的效果，需要怎么编程了吗？

（2）直流电机有几个转动方向？

项目 17　红外遥控台灯

　　本项目设计红外遥控台灯，初步接触一个新的元件——红外接收管。红外接收管是将红外线光信号变成电信号的半导体器件，它的核心部件是一个特殊材料的 PN 结。和普通二极管相比，红外线接收管在结构上做出了大的改变，为了更多更大面积地接收入射光，它的 PN 结面积尽量做得比较大，电极面积尽量减小。没有光照时，反向电流很小，称为暗电流。当有红外线光照时，反向电流明显变大，光的强度越大，反向电流也越大。这种特性称为"光电导"。红外线接收二极管在一般照度的光线照射下，所产生的电流叫光电流。如果在外电路上接上负载，负载就获得了电信号，而且这个电信号随着光的变化而相应变化。

　　红外接收管分为两种，一种是二极管，另一种是三极管。红外接收管在日常生活中常用，如家中的电视机、空调都用红外接收管，接收遥控器发射出来的红外光。本项目用红外接收管做一个遥控台灯，通过遥控器的红色电源键来控制 LED 的开关。

任务 17.1　红外遥控台灯机械设计及制作

台灯一般指放在桌子上用的有底座的电灯，但随着科技的进步，台灯的外观、造型也在不断地发展，并逐渐出现能够吸附在任意位置的磁吸式台灯，其小巧精致、方便携带。台灯的作用主要是照明，便于阅读、学习、工作等，它已经远远超越了其本身的价值，甚至已经变成了一个艺术品。台灯都是由底座、灯头、灯泡、灯罩、立柱和开关等部件组成。

17.1.1　机械零部件选择

对于台灯而言，机械设计主要设计底座、立柱和灯罩，而开关、灯泡、灯座电器部件可以在市场购买。

1．立柱

立柱是台灯的支架，同时兼作电池盒及固定台灯座。

2．底座

底座要求结构简单，运输方便，便于收纳，保证台灯稳定，不易翻倒。

3．灯罩

灯罩要求结构简单，美观坚固，便于收纳，保证台灯不伤人。

17.1.2　红外遥控台灯机械CAD组装图设计

现今台灯种类样式繁多，灯泡可分为节能灯、白炽灯和LED灯泡。控制方式有开关控制、触控式、亮度可调式，甚至声控。台灯的外观做成艺术台灯，给人美的享受，但消费者需要的是一种实用、节能、可靠的产品。本项目设计一个声控艺术台灯。

项目 17 红外遥控台灯

1. 总体构思设计

声控艺术台灯具有简约的外观,有一个底座和一个立柱,灯罩是五角星外形,使用滑动触摸按钮改善交互,如图 17-1 所示。随着传感器技术的发展和用户需求的增加,家电越来越智能化,给生活带来了极大的便利。在日常生活中,无论是工作还是学习,台灯的使用都非常普遍。

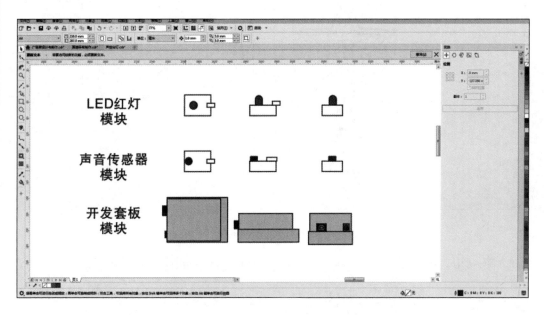

图 17-1 电器实物尺寸

目前市场上的台灯的亮度调节功能,大多数是通过手动方式完成的,例如手柄调节或触摸调节。但它没有人体检测和人体姿势检测功能,也就是说,现有的台灯不能满足人们对智能化生活的要求。特别是对于青少年群体来说,个性化、智能化的学习型台灯更合适。

声控艺术台灯是一种同时具有自动和手动操作模式的基于单片机的智能灯控制系统。按键手动调整亮度,或根据当前环境亮度使用 PWM 无极调节方法自动控制亮度。当检测到有人的时候自动开灯,人离开的时候自动关灯,可以大大减少电力浪费,达到节能和环保的目的。用软件 CorelDRAW 设计时步骤如下。

第一步:把需要的电器模块按 1∶1 的比例在图纸上画出,如图 17-1 所示。

第二步：根据电器件尺寸及样品需求设计对应的尺寸及电器件位置关系，如图 17-2 所示。

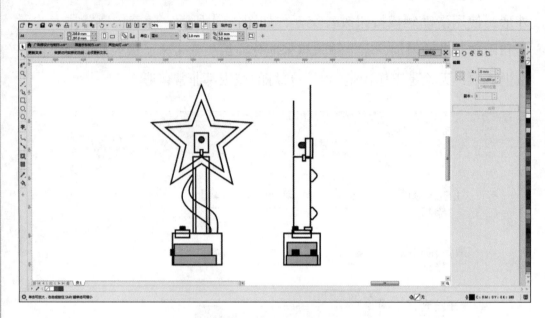

图 17-2　位置图

第三步：根据第二步的视图做外壳展开设计，如图 17-3 所示。

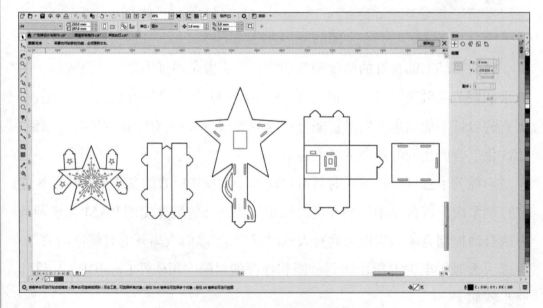

图 17-3　平面设计图

项目 17 红外遥控台灯

2. 部件设计

用 CAD 设计红外遥控台灯控制系统时，先要进行系统总设计，再进行零部件设计，总设计时要全面考虑机械和电子控制系统的位置和安装。

系统机械部分总设计时要考虑机械整体尺寸、部件形状、机械加工精度和加工方法；另外还要考虑电器部件的大小、放置位置等。系统中各部件要分别设计加工图纸，图纸设计好后，再送加工厂加工，下面以图 17-3 中的五角星为例，介绍设计时机械 CAD 软件的使用方法，同时训练多边形、直线、多段线等知识点。

（1）打开机械 CAD 软件，使用"多边形"命令，输入边数 5，在绘图区单击任意一点作为中心点，内接于圆输入"I"，鼠标指针移到正上方输入半径 30。

（2）使用"直线"命令连接各个顶点，如图 17-4 所示。

（3）使用"多段线"命令，连接五角星各个顶点，绘制一个五角星轮廓。

（4）按 Delete 键删除多余线条，最终效果如图 17-5 所示。

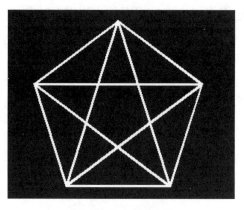

图 17-4 多边形

图 17-5 五角星

17.1.3 机械件组装调试

在进行总体设计后，将图纸交给生产厂家生产，本项目用 2mm 厚的瓦楞纸进行制作。由于篇幅有限，拼装制作步骤请参看随材料包一起的拼装指导书。最终声控艺术台灯的成品如图 17-6 所示。

图 17-6　最后作品

任务 17.2　红外遥控台灯控制电路设计及制作

　　智能台灯实现了台灯的语音控制、人走灯灭等功能。文中分别对智能台灯的系统总体原理框图设计、硬件电路设计、软件程序设计进行介绍，实验结果表明，本智能台灯实现了人机交互，使用起来方便、快捷，功能人性化。

17.2.1　电子元器件选择

　　制作一个智能台灯。在电器控制方面要用到微型计算机控制板、遥控器、红外接收管、灯头、灯座等器件。下面一一详述。

1. LED 灯

　　LED 灯是一块电致发光的半导体材料芯片，用银胶或白胶固化到支架上，然后用银线或金线连接芯片和电路板，四周用环氧树脂密封，起到保护内部芯线的作用，最后安装外壳，因此 LED 灯的抗震性能好。与电源连接的方法有很多，家用方式主要有螺口式和卡口式，如图 17-7 所示为螺口灯泡，图 17-8 所示为卡口灯泡。

图 17-7 螺口灯泡

图 17-8 卡口灯泡

2. 灯头

灯头是指固定灯位置和使灯触点与电源相连接的电子器件，灯头也叫灯座。灯座种类很多，家用的只有两种：一种是螺口；另一种是卡口。

E 开头的灯头（灯座）为普通螺口灯座，是最普遍使用的一种灯头（灯座），后面的数字代表灯头大小，E27 就是平时用的白炽灯灯头，E14 比 E27 小，比 E27 大的还有 E40。85W 节能灯通常有 E27 和 E40 两种灯头，一般被叫作小头节能灯和大头节能灯。灯头还可分为固定式和悬挂式，如图 17-9 和图 17-10 所示。

GU 开头的灯头（灯座）为日常用的卡口式，其中 G 表示灯头类型是插入式，U 表示灯头部分呈现 U 字形，后面的数字则表示灯脚孔中心距（单位是 mm），如 GU10。灯座还有固定式和悬挂式，如图 17-9 和图 17-10 所示。

图 17-9 螺口灯座

图 17-10 卡口灯座

3. 程序控制器

台灯微机控制电路主要由 DC 电源电路、微机控制电路、驱动输出电路、各种传感器和遥控信号接收电路组成。

17.2.2 红外遥控台灯电子 CAD 原理图设计

打开 CAD 软件,在主界面中分别放置芯片 ATmega328P-PN、LED1、电阻 $R1$、红外接收管 $U2$、继电器 $J1$、三极管 $Q1$、+5V 电源、GND 各器件。器件放置完毕后,再放置导线,保存文件,命名为 5x03,设计后的原理图如图 17-11 所示。

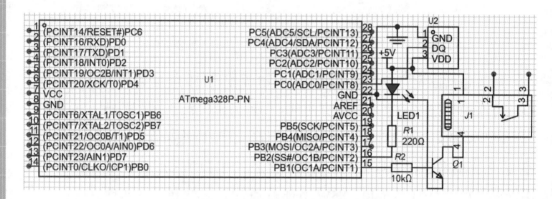

图 17-11 红外遥控台灯电路原理图

17.2.3 红外遥控台灯电路制作调试

设计好原理图后,一般要同时设计好印制电路板(PCB),做 PCB 需要专门的厂家,价格较高。本项目将表 17-1 所示的电子元器件,做成小模块,这些小模块专为初学者或专门学习编写程序的读者设计,大家现在可以体会到这是最容易的连线,每个小模块只需连接 3~4 根线即可,注意一下正、负极(图中标明部分)。

表 17-1 器件的规格和外形

器件规格	外形
① 若干彩色连接线	
② 1 只 5mm LED 灯	
③ 1 个 220Ω 电阻	

项目 17 红外遥控台灯

器件规格	外形
④ 1 个红外接收管	
⑤ 1 个 Mini 遥控器	
⑥ 1 个继电器 HRS1H-S-DC5V	relay

本项目将分立器件做成两个小模块和遥控器。两个小模块，一个是红外接收器小模块，另一个是继电器小模块，指示灯与继电器做在一起，继电器工作时，指示灯亮，两个小模块之间用直接连接，如图 17-12 所示。

图 17-12 遥控器和红外接收器

1. 红外接收头

红外遥控器发出的信号是一连串的二进制脉冲码，为了使其在无线传输过程中免受其他红外信号的干扰，通常都是先将其调制在特定的载波频率上，然后再经红外发射二极管发射出去，而红外线接收装置则要滤除其他杂波，只接收该特定频率的信号，并将其还原成二进制脉冲码，也就是解调。

1）红外接收头的引脚与连线

红外接收头有 3 个引脚，分别为：D 为数据输入，GND 为电源地，VCC 为电源正。

2）工作原理

内置接收管将红外发射管发射出来的光信号转换为微弱的电信号，此信号经由 IC 内部放大器进行放大，然后通过自动增益控制、带通滤波、解调变、波形整形后还原为遥控器发射出的原始编码，经由接收头的信号输出引脚输入到电器上的编码识别电路。

要想对某一遥控器进行解码必须要了解该遥控器的编码方式。本产品使用的遥控器的编码方式为 NEC 协议。下面介绍一下 NEC 协议。

NEC 协议的特点为：①8 位地址位，8 位命令位；②为了可靠性地址位和命令位被传输两次；③脉冲位置调制；④载波频率 38kHz；⑤每一位的时间为 1.125ms 或 2.25ms。

根据 NEC 编码的特点和接收端的波形，本实验将接收端的波形分成四部分：引导码（9ms 和 4.5ms 的脉冲）、地址码 16 位（包括 8 位地址位和 8 位地址位的取反）、命令码 16 位（包括 8 位命令位和 8 位命令位的取反）、重复码（由 9ms、2.25ms 和 560μs 脉冲组成）。利用定时器对接收到的波形的高电平段和低电平段进行测量，根据测量到的时间来区分：逻辑"0"、逻辑"1"、引导脉冲、重复脉冲。引导码和地址码只要判断是正确的脉冲即可，不用存储，但是命令码必须存储，因为每个按键的命令码都不同，根据命令码来执行相应的动作。设置遥控器上的几个按键，VOL+ 控制 LED 灯亮，VOL- 控制蜂鸣器响。遥控器键值附表如表 17-2 所示。

表 17-2　遥控器键值附表（上传模式）

遥控器字符	键　值	遥控器字符	键　值
CH-	FFA25D	0	FF6897
CH	FF629D	1	FF30CF
CH+	FFE21D	2	FF18E7
PREV	FF22DD	3	FF7A85
NEXT	FF02FD	4	FF10EF
PLAY	FFC23D	5	FF38C7
VOL-	FFE01F	6	FF5AA5
VOL+	FFA857	7	FF42BD
EQ	FF906F	8	FF4AB5
100+	FF9867	9	FF52AD
200+	FFB04F		

2. 继电器小模块

继电器小模块的外形如图 17-13 所示，按板上标注进行连线，继电器小模块的接线分为输出端和输入端。输入端的 3 个接线端子，分别是 DC+、DC−和 IN，DC+ 接电源 5V 正极，DC−接电源负极（地），IN 信号线接主板上数字标号为 10 的端口。

图 17-13 继电器小模块的外形

3. 硬件连线

所有硬件包括 Arduino 主板、继电器小模块、红外接收管小模块。红外接收管小模块的 IN 信号线接主板上数字标号为 2 的端口，继电器小模块的 IN 信号线接主板上数字标号为 10 的端口，电源都接 5V。灯头使用交流 220V 高压，交流电火线接继电器常开和公共端的两端，另两端接火线和灯头，灯头另一个接线端接中线（零线）。

表 17-3 接线汇总

模 块	引 脚 名	功 能	主板数字标号
红外接收头	D0	数字量输入	2
	VCC	电源正	
	GND	电源负	
继电器小模块	GND	接地	GND
	+5V	接 5V 电压	5V
	IN	数字量输入	10

各线连接方法汇总如表 17-3 所示，按表连线，连好线的实物控制系统如

图 17-14 所示（图中线未接）。

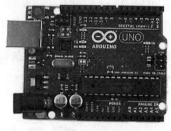

图 17-14　遥控灯硬件连线图

4. 硬件调试

制作好电路后，要对电路进行检查，本项目主要检查高压部分，检查方法是用 220V 两根线，一根火线，一根零线，将继电器常开当作开关，火线从开关一个接线端进，从另一个接线端出，再接灯头的一个接线端子，零线接灯头的另一个接线端子。本项目低压部分用程序测试。

任务 17.3　红外遥控台灯编程控制

设计好电路图和用电子元器件制作好电路后，测试也没有问题，下一步就进行编程控制，在编程之前要对指令进行了解。

17.3.1　指令介绍

现在是用 Mind+ 编写程序，Mind+ 用的是 Arduino 集成开发环境，下面具体介绍程序的编写方法。现在学习一下程序中用到的指令是如何工作的。本项目用到的指令如表 17-4 所示。

表 17-4　图形化指令

所属模块	指　　令	功　　能
传感器	红外发射 NEC 引脚 5 数字 0x89ABCDEF 比特数 32	红外发射指令，加载红外发射管才出现该指令

续表

所属模块	指令	功能
传感器	读取引脚 2 红外接收值	红外接收指令
变量	变量 红外编码	读取红外编码指令
变量	设置 红外编码 的值为 "hello"	设置红外编码的数值
Arduino	读取红外接收模块 数字引脚 2	读取红外编码引脚指令
Arduino	串口 字符串输出 hello 换行	串口输出指令

17.3.2 红外遥控台灯图形化编程

打开 Mind+，完成前一课中所学的加载扩展 Arduino UNO 库，并用 USB 线将主板和计算机相连，然后在连接设备复选框中选择主板并连接。之后将左侧指令区拖曳到脚本区。输入样例程序如图 17-15 所示。

图 17-15　程序

输入完毕后,单击"给 Arduino"下载程序。

运行结果为:以上每一步都完成后,通过图形化编程,已经完成了 LED 闪烁效果,根据代码区自动生成的 C 代码。

实现效果为:红外接收模块插入板子 D2 口,按下遥控器按钮 1,则打开板载 LED 灯;按下遥控器按钮 0,则关闭板载 LED 灯。

17.3.3　红外遥控台灯程序调试

图形化编程不成功的几个现象如下。

(1)程序上传失败。

程序存在逻辑错误或者使用了多个主程序模块。

(2)程序上传成功后,没有达到设计效果。

检查数字引脚接口或程序引脚设置是否错误。本项目采用电压注入法测试。

任务 17.4　总结及评价

自主评价式的展示。说一说制作红外遥控台灯的全过程,请同学们介绍所用每个电子元器件的功能,电子 CAD 使用方法和步骤,每条指令的作用和使用方法。展示一下自己制作的红外遥控台灯作品。

1. 任务完成大调查

任务完成后,还要进行总结和讨论,教学时可用表 15-3 进行打分。

2. 行为考核指标

行为考核指标,主要采用批评与自我批评、自育与互育相结合的方法。同时采用自我考核和小组考核,班级评定方法。班级每周进行一次民主生活会,就自己的行为指标进行评议,教学时可用表 15-4 进行评分。

3. **集体讨论题**

（1）网上搜索遥控器的种类并讨论各类遥控器的工作原理。

（2）怎样判断各元器件的好坏？

4. **思考与练习**

（1）在机械 CAD 中怎样放置汉字？

（2）在机械 CAD 中怎样移动和翻动器件参数？

项目18 救 护 车

　　救护车是用于护理及运送伤病员的厢式"特种汽车"。1886 年，德国人卡尔·本茨发明了世界上第一辆汽车后，法国人于 20 世纪初首先将汽车改装为第一辆机动救护车。救护车种类可分为运送救护车（A 型）、急救（监护型）救护车（B 型）、防护监护救护车（C 型）、特殊用途救护车（D 型）四类。

　　随着科技的发展，人工智能慢慢进入我们的生活，编程激起了越来越多人的学习兴趣。造物编程是造物结合编程，通过编程赋予制作的物品新的生机。本项目制作救护车，救护车由 CPU 主板和直流电机组成，通过编程发出救护车的声音。

　　本项目设计一个美观的救护车纸板模型，编好程序拷入芯片中，再将电子器件植入救护车中，完成救护车的拼装；再完成救护车灯光和鸣笛声的编程，让救护车在行驶时有灯光和鸣笛声。

项目 18　救护车

任务 18.1　救护车机械设计及制作

救护车的结构主要包括以下几部分：车头区、车厢区、病床区、医用设备区域、隔离病房区域、抢救器材室等，外观如图 18-1 所示。

图 18-1　救护车

车头区：是驾驶和操作区域，包括驾驶座位、副驾驶座位以及各种操控设备，如车速仪、油量计等。

车厢区：是医疗区域，通常包括前/后半车厢、病床区、医用设备区、隔离病房区、洗手间等不同部分。前半车厢一般用于患者进出、急救处理和应急物品储存，后半车厢则是医护人员进行检查、诊断、治疗和监护的区域。

病床区：通常配置有 1 个或多个折叠床位，让患者舒适地躺在上面接受治疗。床榻上装有降温装置、心电图机、氧气袋、呼吸器等必备物品。

医用设备区域：必须携带必要的医疗器材，如心率监测仪、呼吸机、输液器、无创血压计、体温计等。

隔离病房区域：可以有效地隔离传染病等有害细菌，通常配有消毒洗手设施。

抢救器材室：为医疗工作提供必要的硬件设施和支持，装备种类丰富，包括生命体征监护仪、心电图机、呼吸机、注射泵等。

此外，救护车还配备有各种应急装备，如灭火器、担架、急救箱等，可以在紧急情况下操作。

18.1.1 机械零部件选择

对于救护车而言,机械设计主要设计汽车底盘、车身和声光报警器。

1. 车身

车身要安排车头区、车厢区、病床区、医用设备区域、隔离病房区域、抢救器材室等各区,规划合理、使用方便、外观美观。

2. 汽车底盘

汽车的底盘结构主要包括以下几部分:传动系统、行驶系统、转向系统和制动系统,如图 18-2 所示,下面分别论述。

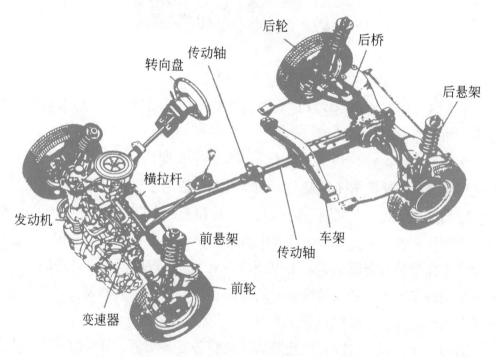

图 18-2 汽车底盘

(1)传动系统:是将发动机的动力传递到驱动轴的部分,通常包括发动机、变速器、传动轴等部件。

(2)行驶系统:是将动力传递到轮胎,使汽车行驶的部分,主要包括悬架、轮胎、车轮等部件。

（3）转向系统：是控制汽车行驶方向的系统，主要包括转向器和转向系统。

（4）制动系统：是使汽车减速或停止的部分，主要包括制动器和制动系统。

底盘的作用是支承、安装汽车车身，发动机和其他各部件及总成，形成汽车的整体造型，承受发动机的动力，保证车辆正常行驶等。

3. 电气控制系统

电气控制系统包括声光报警器、灯光控制和点火系统。设计声光报警器时，声音要响，灯光要亮。

18.1.2 救护车机械 CAD 组装图设计

用 CAD 设计救护车系统时，先要进行系统总设计，再进行零部件设计，总设计时要全面考虑机械和电子控制系统的位置和安装。

1. 系统总设计

系统机械部分总设计时要考虑机械整体尺寸、部件形状、机械加工精度和加工方法；另外还要考虑电器部件的大小、放置位置等，下面细述设计步骤。

第一步：按 1∶1 的比例调出需要的电子模块，如图 18-3 所示。

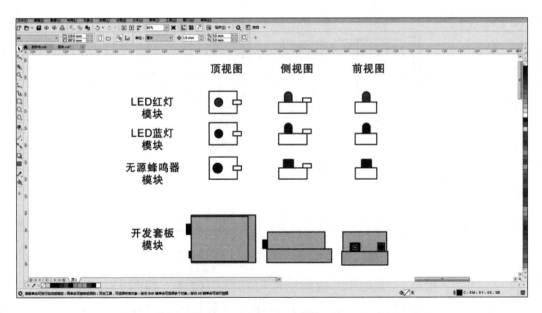

图 18-3　救护车电子模块

第二步：根据电器件尺寸，设计救护车尺寸及位置关系，如图 18-4 所示。

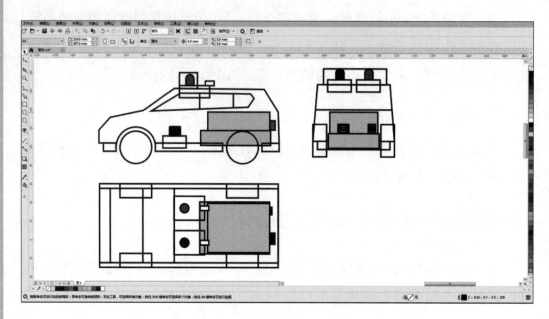

图 18-4　救护车尺寸及位置

第三步：根据结构尺寸图，做车身部分的展开设计，如图 18-5 所示。

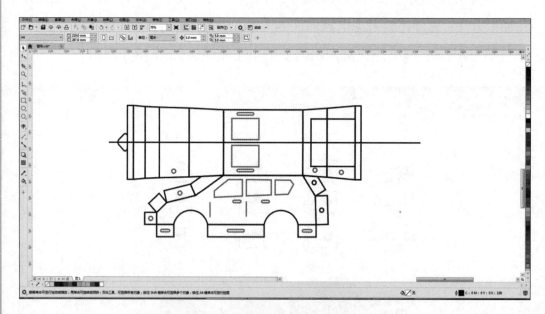

图 18-5　救护车车身部分的展开图

第四步：根据车身展开图做榫卯或钉扣结构设计，如图 18-6 所示。

第五步：根据结构尺寸图，做车底部分的展开设计，如图 18-7 所示。

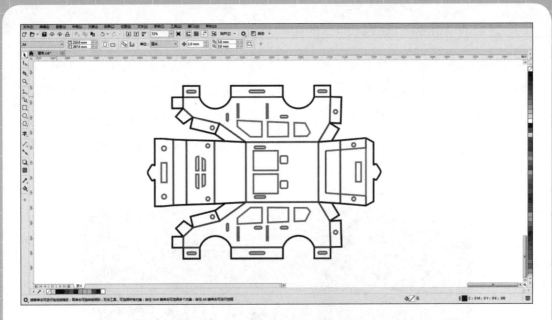

图 18-6　救护车车身展开图的设计

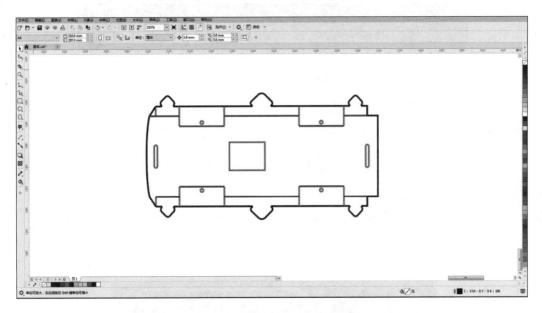

图 18-7　救护车车底部分的展开图

2. 部件设计

系统中各部件要分别设计加工图纸，图纸设计好后，再送加工厂加工，下面以图 18-5 中的车身侧面为例，介绍设计时机械 CAD 软件的使用方法，由于该部件不同角度的斜线较多，主要学习极坐标绘制斜线的方法。

（1）打开机械CAD软件，使用"直线"工具，在绘图区任意位置单击确定起点，鼠标指针向下输入"20"绘制第一段直线，向左输入"120"绘制第二段直线，向上输入"9"绘制第三段直线，输入"@12<40"绘制第四段直线，输入"@22<10"绘制第五段直线，输入"@25<35"绘制第六段直线，向右输入"60"绘制第七段直线，单击起点，完成外轮廓的绘制，如图18-8所示。

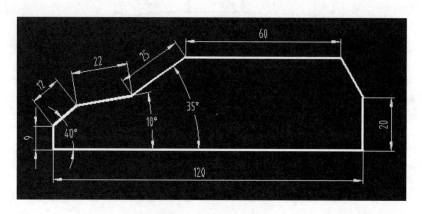

图 18-8　车外轮廓

（2）使用"圆"命令，捕捉左下角端点,向右移动鼠标指针追踪输入"25"确定圆的圆心，输入半径"12"。

（3）使用"复制"命令，选择圆，按"空格"键确定，向右移动鼠标指针输入"70"，复制一个圆。

（4）使用"修剪"命令，按"空格"键将所有边作为修剪边，再单击，将多余的线段删除，如图18-9所示。

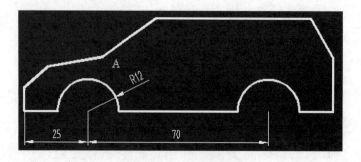

图 18-9　车身侧面

项目 18　救护车

（5）使用"直线"命令，捕捉图 18-9 中的 A 点向右移动鼠标指针，输入"9"按"空格"键确定直线的起点，向右移动鼠标指针，输入"70"绘制一条水平直线，按"空格"键结束"直线"命令。继续使用"直线"命令，单击 B 点作为起点，输入"@21<35"，向右移动鼠标指针，输入"47"，单击下方端点让图形闭合，按"空格"键结束"直线"命令。再次使用"直线"命令，单击 C 点作为起点，向右移动鼠标指针，输入"10"，向下捕捉交点，按"空格"键结束"直线"命令。按照同样的方法绘制另一条直线，最终效果如图 18-10 所示。

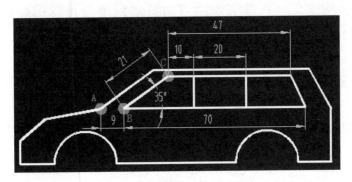

图 18-10　最终效果图

18.1.3　机械件组装调试

在进行总体设计后，将图纸交给生产厂家生产，本项目用 2mm 厚的瓦楞纸进行制作。由于篇幅有限，拼装制作步骤请参看随材料包一起的拼装指导书。最终救护车成品如图 18-11 所示。

图 18-11　救护车成品

任务 18.2　救护车控制电路设计及制作

本任务完成救护车系统的电路原理框图设计、硬件电路设计和软件程序设计。在电路原理图设计之前，首先要选定元器件，了解元器件的使用方法。

18.2.1　电子元器件选择

制作一个救护车，在电气控制方面要用到微型计算机控制板和直流电机，每个项目的控制板都是一样的。

18.2.2　救护车电子 CAD 原理图设计

打开 CAD 软件，在主界面中可放置各种器件。本项目分别可放置芯片 ATmega328P-PN、LED1、电阻 $R1$、喇叭 SPK1、三极管 $Q1$、$R2$、+5V 电源、GND 各器件。器件放置完毕后，再放置导线，保存文件，命名为 5x04，设计后的原理图如图 18-12 所示。

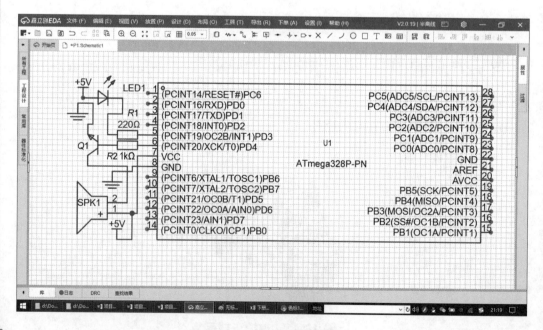

图 18-12　救护车原理

18.2.3 救护车电路制作调试

设计好原理图后,一般要同时设计好印制电路板(PCB),做 PCB 需要专门的厂家,价格较高。本项目将表 18-1 所示的电子元器件,做成两个小模块,两个小模块直接与主板连接,使连接方便简单。

表 18-1 器件规格和外形

器件规格	外形
① 若干彩色连接线	
② 1 只 5mm LED 灯	
③ 1 个 220Ω 电阻	
④ 1 个三极管	
⑤ 1 个蜂鸣器	
⑥ 1 个 1kΩ 电阻	

两个小模块分别是蜂鸣器小模块和指示灯小模块,如图 18-13 所示,每个小模块只需连接 3~4 根线。

(a) 蜂鸣器小模块　　　　(b) 指示灯小模块

图 18-13　小模块

蜂鸣器小模块的外形如图 18-13(a)所示,按板上标注进行连线,它的输出端有 3 个接线端子,分别是 VCC、GND 和 I/O,VCC 接电源 5V 正极,

GND 接电源负极（地），I/O 信号线接主板上数字标号为 4 的端口。

指示灯小模块的外形如图 18-13（b）所示，按板上标注进行连线，它的输出端有 3 个接线端子，分别是 V（VCC）、G（GND）和 S，V 接电源 5V 正极，G 接电源负极（地），S 信号线接主板上数字标号为 3 的端口。

18.2.4 硬件连接

蜂鸣器小模块的 I/O 信号线接主板上数字标号为 4 的端口，指示灯小模块的 S 信号线接主板上数字标号为 3 的端口，如图 18-14 所示（图中线未连接）。

图 18-14　硬件连接

18.2.5 硬件调试

制作好电路后，要对电路进行检查，检查方法有多种，本项目用程序测试。

任务 18.3　救护车编程控制

设计好电路图和用电子元器件制作好电路后，测试也没有问题，下一步就进行编程控制。本项目的任务是在"端口输入/输出"栏目里可以找到设置灯光的积木，灯光的颜色亮度、闪动时间、闪动方式等都可以调整。

在"蜂鸣器模块"栏目里可以找到设置声音的积木，声音的高低、发声时间等都可以调整。

18.3.1 指令介绍

现在是用"创启迪"编写程序，"创启迪"用的是Arduino集成开发环境，下面具体介绍程序的编写方法。现在学习一下程序中用到的指令是如何工作的。本项目用到的新指令如表18-2所示。

表18-2 图形化指令

所属模块	指 令	功 能
Arduino	设置电机转速(-255~255) 200 调速端 5▼ 方向端 8▼	设定直流电机转速和方向指令
Arduino	多功能按键 引脚# 2▼ 模式 单击▼	按键设定指令

18.3.2 救护车图形化编程

打开"创启迪"，完成前一课中所学的加载扩展Arduino UNO库，并用USB线将主板和计算机相连。

第一步：打开"图形化编程"软件，单击左下角"扩展"，在"Arduino主控板"选项下添加"Arduino UNO主控板"。

第二步：从左边的"Arduino UNO"选项中，找到 ；从"端口输入/输出"和"蜂鸣器模块"选项中，分别找到 设置引脚# 3▼ 模拟输出 255 和 ，将蜂鸣器引脚编号由"11"调整成"4"，蜂鸣器音调参数调整成"A6"，编程如图18-15所示。

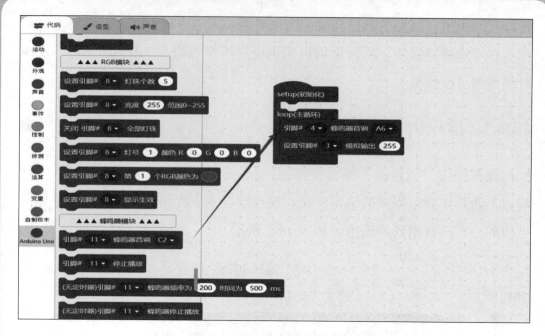

图 18-15 蜂鸣器指示灯设置程序

第三步：从左边的"控制"选项中，找到 等待 1 秒，将"等待"后面的参数更改成"0.1"，编程如图 18-16 所示。

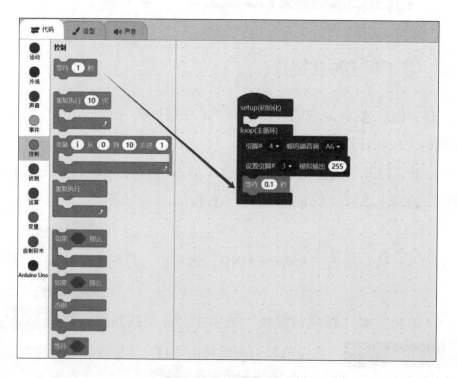

图 18-16 控制程序

项目 18 救护车

第四步：从"端口输入/输出"选项中，找到 设置引脚# 3 模拟输出 255 ，将"模拟输出"参数由"255"修改为"0"；从"蜂鸣器模块"选项中 引脚# 11 停止播放 ，将蜂鸣器引脚编号由"11"调整成"4"；从左边的"控制"选项中，找到 等待 1 秒 ，将"等待"后面的参数"1"更改成"0.1"，编程如图 18-17 所示。

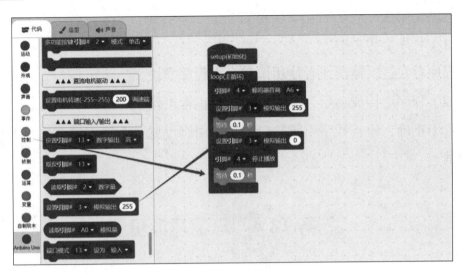

图 18-17 蜂鸣器设置程序

第五步：根据另一组灯光和声音变化，编程如图 18-18 所示。

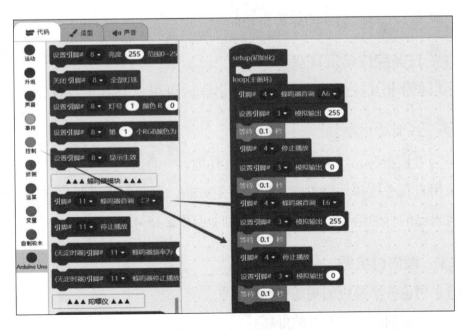

图 18-18 完整程序

第六步：上传测试。

连接计算机并上传编程，进行测试，观察救护车是否正常工作。

18.3.3 救护车程序调试

图形化编程不成功的几个现象如下。

（1）程序上传失败。

程序存在逻辑错误或者使用了多个主程序模块。

（2）程序上传成功后，会看到救护车正常工作。

若不正确，检查数字引脚接口或程序引脚设置是否错误。本项目编写程序测试。

任务 18.4　总结及评价

自主评价式的展示。说一说制作救护车的全过程，请同学们介绍所用每个电子元器件的功能，电子 CAD 使用方法和步骤，每条指令的作用和使用方法。展示一下自己制作的救护车作品。

1. 任务完成情况调查

小组集体相互检查任务完成情况，教学时可用表 15-3 进行打分。

2. 行为考核指标

行为考核指标，主要采用批评与自我批评、自育与互育相结合的方法。同时采用自我考核和小组考核，班级评定方法。班级每周进行一次民主生活会，就自己的行为指标进行评议，教学时可用表 15-4 进行评分。

3. 集体讨论题

（1）讨论各小模块的功能和制作方法。

（2）怎样判断各元器件的好坏？

4. 思考与练习

（1）通过观察，你知道让救护车发出警报声和发出灯光闪烁分别需要怎样编程吗？

（2）救护车的灯光有哪些特点？

项目 19　智 能 电 扇

电风扇简称电扇,也称为风扇、扇风机,是一种利用电动机驱动扇叶旋转,加速空气流通的家用电器,主要用于清凉解暑和流通空气。电扇广泛用于家庭、教室、办公室、商店、医院和宾馆等场所。常见的家用电扇本质上属于轴流风机,即风的流向平行于扇叶的旋转轴。智能电扇是近几年才发展起来的家用电器,主要特点是能根据环境状态确定是否启动电扇,并自动调节风量。

项目 19 智能电扇

电扇种类很多：

（1）按电动机结构可分为单相电容式、单相罩极式、三相感应式、直流及交直流两用串激整流子式电风扇。

（2）按用途可分为家用电风扇和工业用排风扇。 家用电风扇有吊扇、台扇、落地扇、壁扇、顶扇、换气扇、转页扇、空调扇（即冷风扇）等。其中，台扇又有摇头和不摇头之分，也有转页扇；落地扇中有摇头和转页两种。还有一种微风小电扇，是专门吊在蚊帐里的，夏日晚上睡觉，打开它顿时就微风习习，可以安稳地睡上一觉。 工业用排风扇主要用于强迫空气对流、换气。

生活中常见的电风扇的类型有机械控制式电风扇和微型计算机控制式电风扇。机械控制式电风扇内部电路结构较简单，主要由机械调速开关、电动机、机械定时器、热熔断器和跌倒开关等组成。微型计算机控制式电风扇内部采用电子控制方式，其内部电路比机械控制式电风扇复杂些，主要由微型计算机控制板、遥控器、同步电动机和转叶电动机等组成。本项目完成变速风扇的拼装，实现风扇扇叶持续转动以及不同风速效果的编程。

任务 19.1　智能电扇机械设计及制作

电扇主要由扇头、风叶、网罩和控制电路等组成。扇头包括电动机（电动机包括定子和转子）、前后端盖和摇头送风机构等。

转子由磁铁、线圈及轴组成。定子由硅钢片、线轴及轴承组成。控制电路由按键开关、裂相电容、定时器和其他电路控制其线圈导通而产生内部激磁使转子旋转。

（1）转子：转子上也有线圈，这是绕线式电机。绕线式电机只是异步电机的一类。异步电机按转子绕组形式分为绕线式和鼠笼式。

（2）定子：定子用于产生励磁磁场，对处在其中的通电导体产生力的作用。转子转动将电能转化为机械能。

（3）控制电路主绕组作为保护电阻，限制电流，并和副绕组共同起到调速作用。副绕组作为分段和主绕组并联及串联调整整定电阻值。高档位时，主绕组副绕组并联。中档位时，主绕组与副绕组 1/2 并联。低档位时，主绕组与副绕组串联。

手持小电扇使用的是直流电机，如图 19-1 所示，主要由底座、立柱、前后扇罩、电机、扇叶、开关组成。

图 19-1　电扇结构

19.1.1　机械零部件选择

对于电扇而言，机械设计主要设计底座、立柱、前后扇罩和扇叶，电机和开关可以在市场购买。

1. 扇叶

扇叶是电扇的关键部件，也即台扇和吊扇的组成部分，通过电机带动，转动以产生风。扇叶决定风的大小、电扇噪声大小、电扇的稳定性等。设计时用到的知识理论很多，有兴趣的同学可学习陀螺理论。

吊扇的扇叶一般有 3 片，台扇的扇叶一般有 5 片，常见的风扇扇叶的截面一般呈曲线。风扇的扇叶的宽窄和角度是有设计的，要看电机的负荷功率而定。如果不考虑电机功率，只看转速，那么要看扇叶的角度和宽度，如果扇叶的角度一样，当然是扇叶宽的风大。而且扇叶的设计和制作都呈现为规则性的对称结构，这样能够产生均匀和稳定的风源。常见的有三叶扇、四叶扇、五叶扇、双层扇等。

2. 立柱

立柱是电扇的支架,同时作为电池盒及固定电机座。

3. 底座

底座要求结构简单,运输方便,便于收纳,保证电扇稳定,不易翻倒。

4. 扇罩

扇罩要求结构简单,美观坚固,便于收纳,保证电扇不伤人。

19.1.2 智能电扇机械 CAD 组装图设计

用 CAD 设计智能电扇系统时,先要进行系统总设计,再进行零部件设计,总设计时要全面考虑机械的结构和电子控制系统的位置和安装。

1. 系统总设计

系统机械部分总设计时,要考虑机械整体尺寸、部件形状、机械加工精度、加工方法;另外还要考虑电器部件的大小、放置位置等,下面细述设计步骤。

第一步:按 1∶1 的比例,画出所需要的电器,如图 19-2 所示。

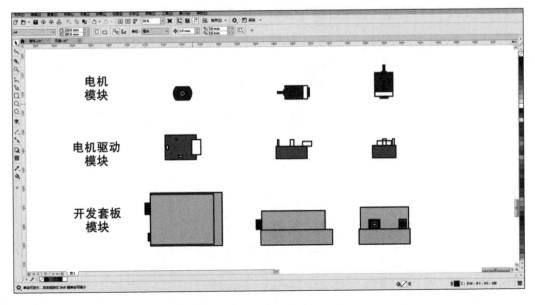

图 19-2 电器实物尺寸

第二步：根据电器尺寸设计电扇外形尺寸及电器件位置关系，如图 19-3 所示。

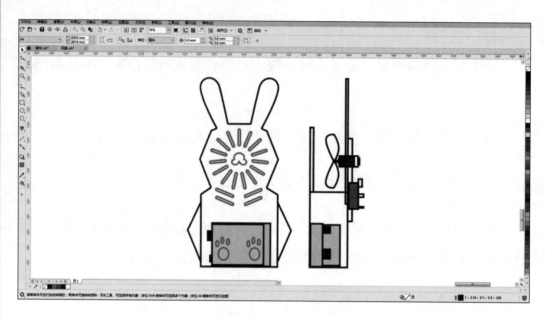

图 19-3　电扇外形尺寸及电器件位置关系

第三步：根据第二步的视图做电扇展开设计，并加上插口及用钉子的位置，如图 19-4 所示。

图 19-4　电扇的展开图

项目 19　智能电扇

2. 部件设计

系统中各部件要分别设计加工图纸，图纸设计好后，送加工厂加工，下面以图 19-4 中的多边形为例，介绍设计时机械 CAD 软件的使用方法，同时学习多边形、矩形、阵列等知识点。

（1）打开机械 CAD 软件，使用"圆"命令，在绘图区任意处单击，指定圆心，绘制两个半径分别为 8 和 20 的同心圆。

（2）使用"矩形"命令，输入"F"设置矩形圆角为 1，在绘图区空白处单击，确定矩形的起点，输入"D"，绘制一个长度为 2、宽度为 7 的矩形，如图 19-5 所示。

（3）右击"对象捕捉"，从弹出的快捷菜单中选择"设置"，在打开的对话框中勾选"象限点"，单击"确定"按钮。

（4）使用"移动"命令，选择圆角矩形下方象限点为基点，移动到半径为 8 的小圆上方的象限点，如图 19-6 所示。

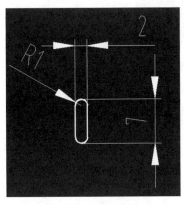

图 19-5　圆角矩形

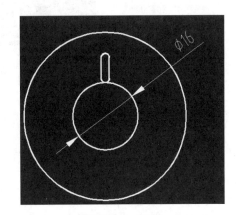

图 19-6　移动

（5）使用"阵列"命令，将圆心作为中心点，圆角矩形作为阵列对象，项目总数设置为 15，填充角度设置为 360，如图 19-7 所示。

（6）使用"多边形"命令，输入边数为 6，圆心作为中心点，内接于圆输入"I"，半径直接捕捉大圆左侧象限点。

（7）按 Delete 键删除多余的圆，完成绘制，最终效果如图 19-8 所示。

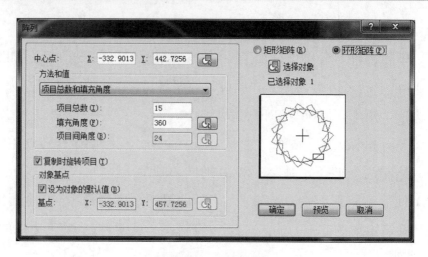

图 19-7　阵列

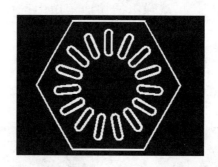

图 19-8　最终效果图

19.1.3　机械件组装调试

进行总体设计后，将图纸交给生产厂家生产，本项目用 2mm 厚的瓦楞纸进行制作。由于篇幅有限，拼装制作步骤请参看随材料包一起的拼装指导书。最终智能电扇成品如图 19-9 所示。

图 19-9　智能电扇作品

任务 19.2　智能电扇控制电路设计及制作

　　智能电扇实现了电扇的风速随着温度大小自动调节、语音控制、人走风扇停止、按键调节、信息显示等功能。下面分别对智能电扇的系统总体原理框图设计、硬件电路设计、软件程序设计进行介绍。实验结果表明，智能电扇实现了"随温而动，随声而应"，智能的人机交互，使用起来方便、快捷、功能人性化。

19.2.1　电子元器件选择

　　制作一个小风扇，在电气控制方面要用到微型计算机控制板、遥控器、同步电动机和转叶电动机。电风扇电机就是带动风扇转动的电机，为风扇提供动力；同步电动机是摇头的小电机。下面一一详述。

1. 同步电动机

　　同步电动机和其他类型的旋转电机一样，由固定的定子和可旋转的转子两大部分组成，一般分为旋转磁极式同步电动机和旋转电枢式同步电动机。旋转电枢式同步电动机应用于小容量电动机，旋转磁极式同步电动机应用于大容量电动机。同步电动机的运行特点是转子的旋转速度必须与定子磁场的旋转速度严格同步。

　　单相同步电动机是指电动机的转动速度与供电电源的频率保持同步，该电动机的转速主要取决于市电的频率和磁极对数，而不受电压和负载大小的影响。单相同步电动机结构简单、体积小、消耗功率少，以及转速比较稳定，适用于自动化仪器和生产设备中。

2. 单相异步电动机

　　单相异步电动机是指电动机的转动速度与供电电源的频率不同步，其转速低于同步转速，应用广泛。它一般常应用于输出转矩大、转速精度要求不高的产品中。

单相异步电动机是目前应用比较广泛的单相电动机，其内部结构和直流电机基本相同，都是由静止的定子、旋转的转子以及端盖等部分构成，但这种电动机的电源是加到定子绕组上，无电刷和换向器，图 19-10 为典型的单相异步电动机的内部结构。

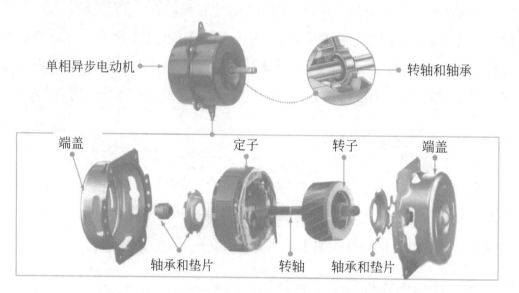

图 19-10　单相异步电动机的内部结构

单相异步电动机的定子部分主要由定子铁芯、定子绕组和引出线等部分构成，其中引出线用于接通单相交流电，为定子绕组供电，而定子铁芯除支撑线圈外，其主要功能是增强线圈所产生的电磁场。

单相异步电动机的转子主要由转子铁芯和转轴等部件构成，是单相交流电动机的旋转部分，通常采用笼形铸铝转子，转子铁芯一般为斜槽结构。

把单相电转为两相电或三相电，具有分相功能的电路称为裂相电路，可以用阻容裂相，也可以用计算机加辅助电路裂相（如变频器）。裂相电路的作用有：获得旋转磁场；增加整流滤波效果。有些裂相元件存在于设备（主要为电机）中，一般称为移相电路，可用电容、电感获得。

本项目采用直流电机，如图 19-11 所示。

3. 程序控制器

电扇微机控制电路主要由 DC 电源电路、微机控制电路、驱动输出电路、各种传感器和遥控信号接收电路组成。

图 19-11　直流电机

19.2.2　智能电扇电子 CAD 原理图设计

打开 CAD 软件，在主界面中分别可放置芯片 ATmega328P-PN、LED1、电阻 $R3$、按键 SW1、电阻 $R2$、继电器 $K1$、直流电机 MOT1、三极管 $Q1$、电阻 $R1$、+5V 电源、GND 各器件，器件放置完毕后，再放置导线，保存文件，命名为 5x05，设计后的原理图如图 19-12 所示。

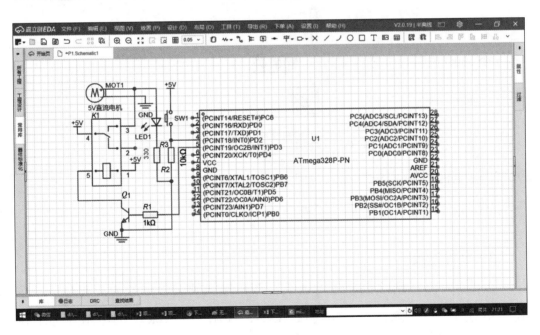

图 19-12　智能电扇原理图

19.2.3　智能电扇电路制作调试

电扇电机有交流电机和直流电机两种，本项目分别设计两种电机，图 19-12 为交流电机设计图，采用的是交流电机，电机由继电器控制。

1. 交流电机电扇

按图 19-12 设计好原理图后，一般要同时设计好印制电路板（PCB），做 PCB 需要专门的厂家，价格较高。本项目用多功能面包板来实现电路的硬件连接，如图 19-13 所示，买好器件后，就可在面包板上连接好电路。

1）电子元器件

智能电扇需要的电子元器件包括一个 LED 灯，若干根彩色面包板上的连接线，一个 330Ω 电阻，一个 1kΩ 电阻，一个 10kΩ 电阻，一个三极管，一个按钮，一个继电器，一个小电机。电子元器件规格和外形如表 19-1 所示。

表 19-1　电子元器件规格和外形

器　件　规　格	外　　形
① 若干彩色连接线	
② 1 只 5mm LED 灯	
③ 1 个 330Ω 电阻	
④ 1 个按钮	
⑤ 1 个继电器 HRS1H-S-DC5V	relay
⑥ 1 个小电机	见图 19-11
⑦ 1 个风扇叶片	

2）硬件连接

按图 19-12 在附件板上进行连线，按钮接线到主板标号为 2 的端口。按钮一端连接 5V 电源，另一端连接 GND，并用一个 10kΩ 的电阻作为下拉电阻，以防引脚悬空干扰。继电器有 6 个引脚，分别标有序号。1、2 引脚为继电器的输入信号，分别接 Arduino 板的数字引脚 3 和 GND。图 19-13 中 relay 上的数字 3、4、5、6 为继电器输出的控制引脚，这里只使用 4、6 两个引脚。当继电器工作时，指示灯同时亮，不需要控制。把继电器想象成一个开关，开关也只用两个引脚。继电器当作一个开关时，既可以接交流电机，又可以接直流电机，为了安全，模拟时用小型直流电机。

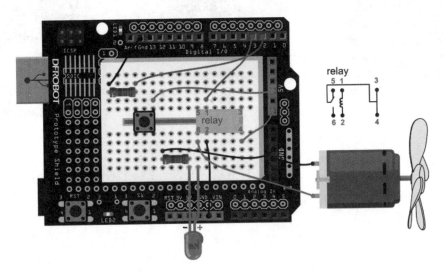

图 19-13　电扇模拟电路

各线连接方法汇总如表 19-2 所示，按表连线，连好线的实物控制系统，如图 19-13 所示（图中电源线未接）。

表 19-2　接线汇总

模　块	引　脚　名	功　　能	主板数字标号
按键	S	按键信号端	2
继电器	IN	继电器信号端	3

3）硬件调试

制作好电路后，要对电路进行检查，一般方法是在关键点注入电压，有时用高电平，有时用低电平，具体要看电路连接方法。若是灌电流，单片机系统测试一般用低电平，以免烧坏芯片，若继电器线圈一端接高电平，就用一根导线将继电器线圈的另一端直接接电源负极（地），若此时继电器线圈通电，继电器吸合，说明继电器没有问题。

2．直流电机电扇

直流电机电扇用直流电机驱动模块，用模块直接控制电机调速，达到智能控制，控制模块如图 19-14 所示。

 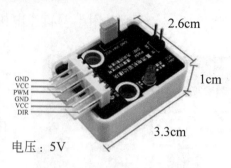 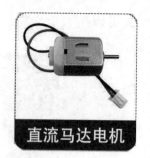

电压：5V

图 19-14　直流电机电扇控制模块

各模块连接方法汇总如表 19-3 所示，按表连线，连好线的实物控制系统，如图 19-14 所示（图中电源线未接）。

表 19-3　接线汇总

模块	引脚名	功能	主板数字标号
直流电机驱动	DIR	电机方向信号端	8
	PWM	电机控制信号端	5

任务 19.3　智能电扇编程控制

设计好电路图和用电子元器件制作好电路后，测试也没有问题，下一步就进行编程控制，在编程之前要对指令进行了解。编程用两种方法：交流电机用阵风形式编程，实现方法是电机工作 8s、停 9s，反复循环；仿照键控项目编程，自己修改完善程序。下面具体介绍用直流电机控制编程。

19.3.1　指令介绍

现在是用 Mind+ 编写程序，Mind+ 用的是 Arduino 集成开发环境，下面具体介绍程序的编写方法。首先介绍本项目用到的新指令如表 19-4 所示。

表 19-4　图形化指令

所属模块	指令	功能
Arduino	设置电机转速(-255~255) 200 调速端 5▼ 方向端 8▼	设定直流电机转速和方向指令

所属模块	指 令	功 能
Arduino	多功能按键引脚# 2 模式 单击	按键设定指令

指令 设置电机转速(-255~255) 200 调速端 5 方向端 8 是电机运动的方向设定,方法是:在动力数值"200"前面加上负号变成"-200",电机就反转,前面不加负号时又是一种转动方向。数值变大,电机速度加大,数字为0时,电机停止转动。由此分析,更改电机运动方向可以在数值前加"-",更改动力数值大小可以控制运动的快慢和停止。下面编写一个程序,让电机顺时针正转,转速为50;3s后,转速为100;再3s后,转速为150。

19.3.2 智能电扇图形化编程

打开 Mind+,完成前一课中所学的加载扩展 Arduino UNO 库,并用 USB 线将主板和计算机相连,然后在连接设备复选框中选择主板并连接。之后将左侧指令区拖曳到脚本区。输入样例程序如图 19-15 所示,按下面步骤编写程序。

第一步:打开"图形化编程"软件,单击左下角"扩展",在"Arduino 主控板"选项下添加"Arduino UNO 主控板"。

第二步:从左边的"Arduino UNO"选项中,找到 ;从"变量"选项中,创建"速度"变量,找到 声明 整形 变量 速度 0 ,再将"速度"后面的参数调整为"50",编写程序如图 19-15 所示。

第三步:从左边的"控制"选项中,找到 重复执行 5 次 ;从"直流电机驱动"选项中,找到 ;从"变量"选项中,找到 速度 ;编写程序如图 19-16 所示。

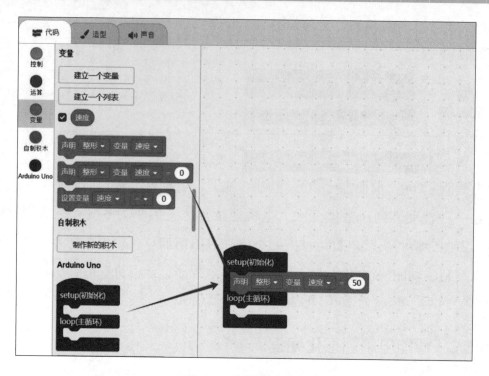

图 19-15 速度程序

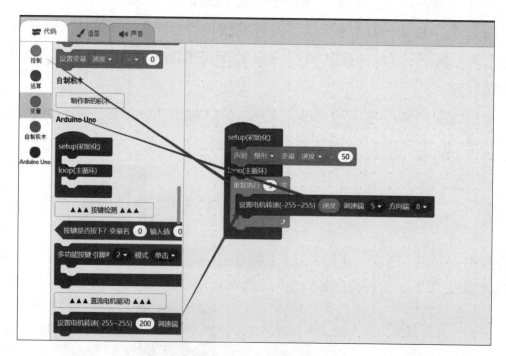

图 19-16 电机控制程序

第四步：从"控制"选项中，找到 等待 1 秒 ，再将里面的速度参数调整为

"3";从左边的"变量"选项中,找到 ![设置变量 速度 += 0],再将里面的速度参数调整为"50";编写程序如图 19-17 所示。

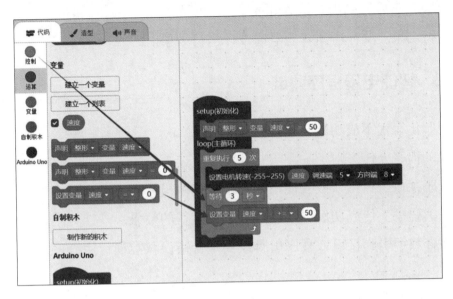

图 19-17　调速程序

第五步:从左边的"变量"选项中,找到 ![设置变量 速度 = 0],编写程序如图 19-18 所示。

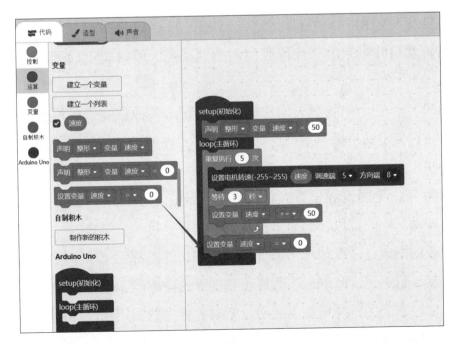

图 19-18　程序

第六步：上传测试。

连接计算机并上传编程，进行测试，观察智能电扇是否正常工作。

输入完毕后，单击"给 Arduino"下载程序。

运行结果：没有达到智能电扇设计运行结果。

19.3.3　智能电扇程序调试

图形化编程不成功的几个现象如下。

（1）程序上传失败。

程序存在逻辑错误或者使用了多个主程序模块。

（2）程序上传成功后，没有达到电扇运行的效果。

检查数字引脚接口或程序引脚设置是否错误。本项目用程序测试。

任务 19.4　电扇的发展史

机械风扇起源于1830年，一个叫詹姆斯·拜伦的美国人从钟表的结构中受到启发，发明了一种可以固定在天花板上，用发条驱动的机械风扇。这种风扇转动扇叶带来的徐徐凉风使人感到凉爽，但得爬上梯子上发条，很麻烦。

1872年，一个叫约瑟夫的法国人又研制出一种靠发条涡轮启动，用齿轮链条装置传动的机械风扇，这个风扇比拜伦发明的机械风扇精致，使用也方便一些。

1880年，美国人舒乐首次将叶片直接装在电动机上，再接上电源，叶片飞速转动，阵阵凉风扑面而来，这就是世界上第一台电扇。

如今的电扇已一改传统形象，在外观和功能上都更追求个性化。而由计算机控制、自然风、睡眠风、负离子功能等这些本属于空调器的功能，也被众多电扇厂家采用，并增加了照明、驱蚊等更多的实用功能。这些外观不拘一格且功能多样的产品，预示了整个电扇行业的发展趋势。

项目 19　智能电扇

风扇基本已经成为每家每户必备的乘凉利器,到了夏天炎热的时候,只要把风扇通上电,然后摁下档位,风扇就能把风源源不断地送过来,非常凉爽舒服,为了解电扇的原理,下面给出电扇的电路原理图,整个电气控制系统如图 19-19 所示。

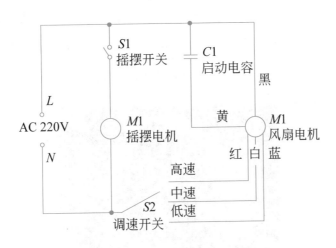

图 19-19　电扇电路原理图

从图 19-19 可以看出,此电路一共可以分为三部分,最左边的 220V 交流电源电路,中间的摇摆电路和最右边的风扇电机电路。电扇电机是单相交流电机,它的内部有两个绕组,一个称为运行绕组(也称为主绕组),另一个称为启动绕组(也称为副绕组)。启动电路由分相电容组成,使主、副绕组在空间上相隔 90°。调速电路是主电路中串联一个电抗器调速开关组成,通过调整电抗大小,来改变电机的电压,从而实现调速。弄明白这个电路图后,就可以修理电扇了。

在追求个性时尚以及精致化的时代,消费者似乎对娇小可爱的家电产品情有独钟。于是扮相可爱、颜色亮丽、体积娇小的转页扇,各种便携式电扇应运而生。这些电扇的外壳和扇叶都以塑料为原料,整体上极其轻巧,加上娇小的体积和亮丽的色彩与外观,一经推出便十分走俏。

电扇增设了各种新功能,既彰显了个性,又在无形中提高了档次。例如,开发较早且比较实用的遥控功能,使操作摆脱了一定的空间限制,再加上液晶屏幕的动态显示,操作起来一目了然。随着消费者对健康的日益关注,厂家围绕提高空气质量做起了文章，于是便增添了负离子、氧吧、紫外线杀菌等功能。

此外，驱蚊电扇可通过电加热使驱蚊物质挥发，并借助风力快速把驱蚊物质送到房间各个地方；带有"飘香"功能的小风扇在扇片中间的旋转轴内含有香片，随着扇片的转动，悠悠花香也随之飘出，并且香片可随意更换；带有照明功能的吊扇集照明与电扇功能于一体，它们都是凭借某一项独特的功能而吸引了消费者的目光，如图 19-20 所示的新颖电扇。

图 19-20　新颖电扇

国际能源短缺，国内电荒也频频发生，节能功能将是一个不可忽视的发展方向。定位于空调和电扇之间的空调扇以水为介质，利用物质的相变吸热规律及水的蒸发潜能原理，可送出低于室温的冷风，而内置的常规电热源可送出温暖湿润的风。此外，带蓄电池风扇或者利用太阳能作为能源的节能环保风扇也将在未来得到较大力度的推广和应用。

1．时控电扇

只需要设置好电扇工作的时间，时控电扇就会根据你的设置，按时开，按时关。

2．声控电扇

美国通用电器公司研制出的这种声控电扇装有微型电子接收器，只需在不超过 3m 的地方连续拍手 2 次，电扇就会自动运转；若再连续拍手 3 次，电扇又会自动停止转动。

3. 冷气风电扇

欧洲市场上推出了一种风扇与冰箱相结合的新型电扇，其风扇有一个制冷机芯，机芯的中心圆筒中有混合液体，将此机芯置于冰箱中 3 个小时后取出配用，即可吹出冷风，给人有冷气吹来的感觉。

4. 无噪声电扇

日本三菱公司开发的这种几乎没有噪声的电扇，装有特制的鸟翅状叶片，可产生一股涡动气流，且采用直流电机，不加防护罩，很适合有微机、文字处理机、复印机的场所使用。

5. 灯头电扇

美国发明的这种可安装在灯泡灯头上的电扇，小巧玲珑，只要有安装灯泡的灯头就可使用，不仅安装简便，而且节省能源。

6. 四季电扇

德国生产的这种四季都能用的电扇，配有远红外线加热器和负离子发生器，能夏季送凉风、冬季送热风，一年四季送负离子风，具有送凉取暖、净化空气、防病保健的功效。

7. 火柴盒电扇

法国开发的这种微型风扇，体积只有火柴盒大小，厚度为 14mm，长度为 62mm，质量仅为 45g，使用 12~24V 的直流电，功率为 2W，连续使用寿命可达 1 万小时。

8. 模糊微控电扇

日本东芝公司推出的这种高级电扇，设有强、普通、弱等 7 级风量，可根据传感器测定的温度和湿度，自动选择最佳风量级别。如果有人碰到网罩，它会自动停止转动。

9. 防伤手指电扇

美国罗伯逊工业公司推出两种新型风扇，只要人的手指一碰到这种电扇的外罩，就会给其控制系统传递一个电脉冲信号，使电扇停止转动，以免手指受伤。

10. 小型电扇

小型电扇适用于夏季外出或是身边没有纳凉工具的时候。这种电扇又有很多种，有用电池的、充电的，或者USB接口的，在夏天也是一种好工具。

11. 金属风扇

金属风扇，也称金属扇、金属电风扇，是指电扇的制造材料是金属，如铁和铜。在欧美发达国家，金属风扇凭着它独特的艺术韵味和金属质感，已成为高级家居装饰品，受到广大消费者的欢迎和喜爱。这股潮流已经由康宜居带到了中国，正在影响越来越多的家庭。

任务19.5 总结及评价

自主评价式的展示。说一说制作智能电扇的全过程，请同学们介绍所用每个电子元器件的功能，电子CAD使用方法和步骤，每条指令的作用和使用方法。展示一下自己制作的智能电扇作品。

1. 任务完成大调查

任务完成后，还要进行总结和讨论，教学时可用表15-3进行打分。

2. 行为考核指标

行为考核指标，主要采用批评与自我批评、自育与互育相结合的方法。同时采用自我考核和小组考核，班级评定方法。班级每周进行一次民主生活会，就自己的行为指标进行评议，教学时可用表 15-4 进行打分。

3. 集体讨论题

（1）电机有多少种？如何选用电机？

（2）怎样判断各电机的好坏？

4. 思考与练习

（1）不同风速的效果怎样编程？

（2）画出直流电机接线图。

项目20 伸缩门

　　伸缩门（Retractable door），就是门体可以伸缩、自由移动，可控制门洞大小，从而管理行人或车辆的拦截和放行的一种门。伸缩门是一种方便实用、功能多样的门类产品，广泛应用于商业、住宅、工业等各个领域。随着科技的发展，人工智能慢慢进入我们的生活，编程激起了越来越多人的学习兴趣。本项目通过完成伸缩门的拼装、编程，利用按键控制来展示伸缩门开门、关门的效果。

项目 20　伸缩门

任务 20.1　伸缩门机械设计及制作

伸缩门主要由伸缩门体、滚轮、电机、控制装置等部件组成，如图 20-1 所示。

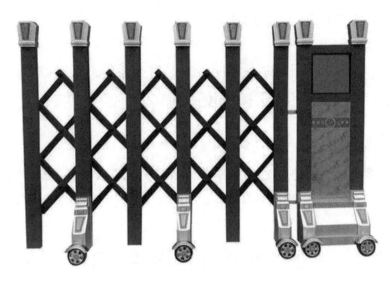

图 20-1　伸缩门

伸缩门的种类可分为不锈钢普通电动伸缩门、不锈钢分段电动伸缩门、铝型材普通电动伸缩门和铝型材分段电动伸缩门，它们的基本构造大同小异。

20.1.1　机械零部件选择

对于伸缩门而言，机械设计主要设计门体和电气控制部分，电机和滚轮可以在市场购买。

1. 伸缩门体

伸缩门的多样化设计使得其可以搭配多种建筑元素。不同的材质，如金属、木材、玻璃等，可以根据建筑整体风格和环境氛围进行巧妙搭配，使得门呈现出更为丰富和独特的面貌。

2. 门头

门头是电机的支架,同时作为电池盒及固定电机座。门头还安装有滚轮,移动时带动门体一起移动。

3. 电机控制器

电机控制器结构简单,运输方便,控制灵敏,保证电机稳定,不易翻倒。

20.1.2 伸缩门机械 CAD 组装图设计

用 CAD 设计伸缩门控制系统时,先要进行系统总设计,再进行零部件设计,总设计时要全面考虑机械和电子控制系统的位置和安装。

1. 系统总设计

系统机械部分总设计时要考虑机械整体尺寸、部件形状、机械加工精度和加工方法;另外还要考虑电器部件的大小、放置位置等,下面细述设计步骤。

第一步:把需要的电器模块按 1∶1 的比例在图纸上画出,如图 20-2 所示。

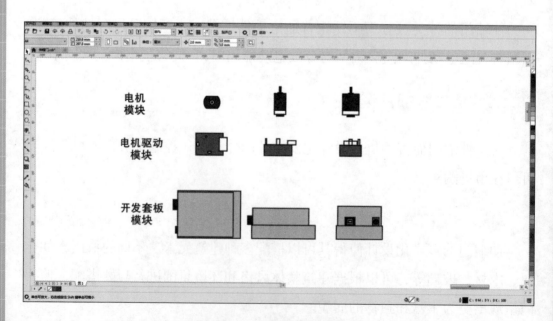

图 20-2 电器模块实物尺寸

第二步：根据电器件尺寸及样品需求，设计对应的尺寸及电器件位置关系，如图 20-3 所示。

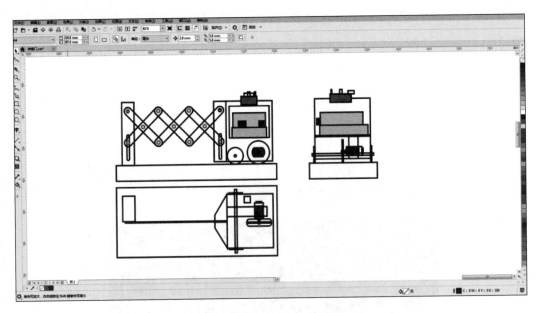

图 20-3　电器件尺寸及位置关系

第三步：根据第二步的视图做外壳展开设计，如图 20-4 所示。

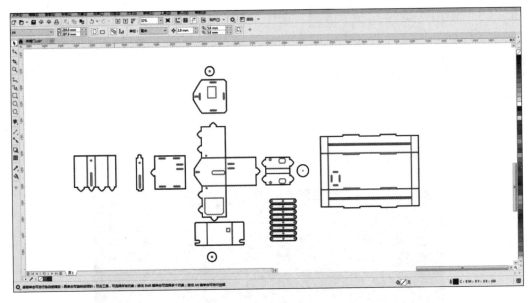

图 20-4　外壳展开设计图

2. 部件设计

系统中各部件要分别设计加工图纸，图纸设计好后，再送加工厂加工，下面以图 20-4 中的伸缩门部分为例，介绍设计时机械 CAD 软件的使用方法，同时学习矩形、圆、旋转、复制等知识点。

（1）打开机械 CAD 软件，使用"矩形"命令，输入"F"设置圆角为"6"，在空白处任意点单击，确定矩形的起点，输入"D"，输入矩形的长度为"93"，宽度为"12"。

（2）使用"圆"命令 ⊙，在如图 20-5 所示位置绘制 3 个直径为 5 的圆（使用圆命令时，默认为半径，输入"D"转换为直径）。

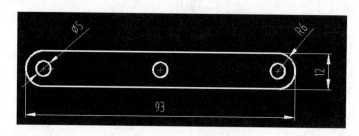

图 20-5　圆角矩形

（3）使用"旋转"命令 ↻，选中所绘制的部分，以中间圆的圆心作为基点，旋转角度输入"45"。再次使用"旋转"命令，选中倾斜后的对象，以中间圆的圆心作为基点，输入"C"表示旋转并复制，输入角度"90"确定。

（4）使用"复制"命令，选择所绘制的图为复制对象，以左上角小圆的圆心为基点，复制到右上角小圆的圆心位置，最终效果如图 20-6 所示。

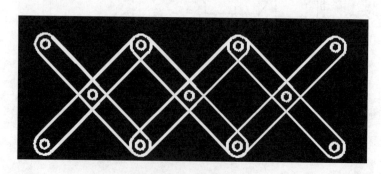

图 20-6　最终效果图

20.1.3　机械件组装调试

在进行总体设计后，将图纸交给生产厂家生产，本项目用 2mm 厚的瓦楞纸进行制作。由于篇幅有限，拼装制作步骤请参看随材料包一起的拼装指导书。最终伸缩门成品如图 20-7 所示。

图 20-7　伸缩门成品

任务 20.2　伸缩门控制电路设计及制作

智能伸缩门实现了伸缩门的自动开合、按键调节、信息显示等功能。下面分别对智能伸缩门的系统总体原理框图设计、硬件电路设计、软件程序设计进行介绍。实验结果表明，智能伸缩门实现了自动开合，智能的人机交互，使用起来方便、快捷、功能人性化。

20.2.1　电子元器件选择

制作一个伸缩门，在电气控制方面要用到微型计算机控制板、控制设备、电动机。伸缩门电机就是带动伸缩门开合的电机，为伸缩门提供动力，下面一一详述。

1. 电机

伸缩门电机可以用交流电机和直流电机。交流电机又分为三相电机和单相电机,本项目采用直流电机、直流电机驱动器和两个按键来实现伸缩门的模拟,器件实物如图 20-8 所示。

图 20-8 电器实物模块

电机驱动小模块各引脚功能如表 20-1 所示,为了即插即用,将两个信号线分为 2 个插座。一个信号线控制电机方向,称为方向插座;另一个信号线控制电机速度,称为速度插座。

表 20-1 电机驱动小模块各引脚的功能

模　　块	电机驱动模块标注	功　　能
直流电机驱动模块	GND	电源负极
	VCC	电源正极
	PWM	PWM 表示速度控制信号
	DIR	DIR 表示方向控制信号
方向插座	DIR	控制电机方向
	VCC	电源正极
	GND	电源负极
速度插座	PWM	控制电机速度
	VCC	电源正极
	GND	电源负极

2. 程序控制器

伸缩门微机控制电路主要由 DC 电源电路、微机控制电路、驱动输出电路、各种传感器和遥控信号接收电路组成。

20.2.2 伸缩门电子 CAD 原理图设计

打开 CAD 软件，在主界面中分别可放置芯片 ATmega328P-PN、按键 SW1、电阻 $R2$、按键 SW2、电阻 $R3$、继电器 K1、直流电机 MOT1、三极管 $Q1$、电阻 $R1$、+5V 电源、GND 各器件，器件放置完毕后，再放置导线，保存文件，命名为 5x04，设计后的原理图如图 20-9 所示。

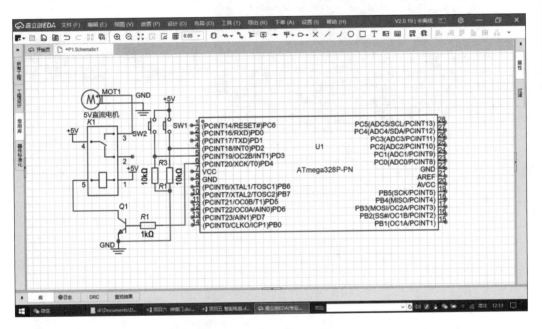

图 20-9 伸缩门电路图

按键下面串联一个 $10k\Omega$ 的电阻作为下拉电阻，以防引脚悬空干扰。$R1$ 为三极管限流电阻设置静态工作点，三极管是驱动电路，也起隔离和防干扰的作用。图中用一个继电器代替直流电机驱动模块。

20.2.3 伸缩门电路制作调试

该项目使用小模块实现，即主板、直流电机驱动模块，直流电机和 2 个按键模块进行硬件连接，如图 20-10 所示。一个按键小模块的 OUT 端连接主板数字标号为 2 的端口，另一个按键小模块的 OUT 端连接主板数字标号为 3 的端口，各按键小模块的 5V 和 GND，分别连接电源 5V 正极和地。直流电机驱动模块接线方法汇总如表 20-2 所示。使用扩展板后，按表 20-2 连线，连好线的实物，如图 20-11 所示。

图 20-10 伸缩门硬件连接

表 20-2 接线汇总

模 块	引 脚 名	功 能	主板数字标号
电机驱动插座 1	DIR	电机方向控制端	5
	VCC	电源正极	5V
	GND	电源负极	GND
电机驱动插座 2	PWM	电机控制信号端	8
	VCC	电源正极	5V
	GND	电源负极	GND
按键 1	S	控制门开	2
	VCC	电源正极	5V
	GND	电源负极	GND
按键 2	S	控制关门	3
	VCC	电源正极	5V
	GND	电源负极	GND

制作好电路后，要对电路进行检查，检查方法一般用万用表一个一个器件地检查测试。器件检查无误后，再进行电路检查测试，主要测量各点电压，判断电路好坏。

项目 20　伸缩门

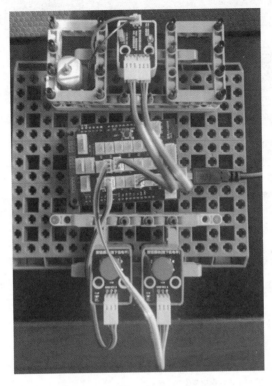

图 20-11　伸缩门模拟电路

任务 20.3　伸缩门编程控制

设计好电路图和用电子元器件制作好电路后，测试也没有问题，下一步就进行编程控制，在编程之前要对指令进行了解。

20.3.1　指令介绍

现在是用 Mind+ 编写程序，Mind+ 用的是 Arduino 集成开发环境，下面具体介绍程序的编写方法。首先介绍本项目用到的新指令如表 20-3 所示。

表 20-3　图形化指令

所属模块	指　　令	功　　能
Arduino		设定直流电机转速和方向指令

续表

所属模块	指令	功能
Arduino	多功能按键引脚# 2 模式 单击	按键设定指令
Arduino	读取引脚# 2 数字量	读取引脚状态

指令 设置电机转速(-255~255) 200 调速端 5 方向端 8 是电机运动的方向设定，方法是：在动力数值"200"前面加上负号变成"-200"，电机就反转，前面不加负号时又是一种转动方向。数值变大，电机速度加大，数值为 0 时，电机停止转动。由此分析，更改电机运动方向可以在数值前加"-"，更改动力数值大小可以控制运动的快慢和停止。下面编写一个程序，让电机顺时针正转，转速为 50；3s 后，转速为 100；再 3s 后，转速为 150。

20.3.2 伸缩门图形化编程

打开 Mind+，完成前一课中所学的加载扩展 Arduino UNO 库，并用 USB 线将主板和计算机相连，然后在连接设备复选框中选择主板并连接。之后将左侧指令区拖曳到脚本区。想要实现通过按键控制伸缩门开门、关门的效果，即当按下按钮 A 时，伸缩门开门，电机顺时针旋转 3s 后，停止；当按下按钮 B 时，伸缩门关门，电机逆时针旋转 3s 后，停止。

第一步：打开"图形化编程"软件，单击左下角"扩展"，在"Arduino 主控板"选项下添加"Arduino UNO 主控板"。

第二步：从左边的"Arduino UNO"选项中，找到 ；从"串口"选项中，找到 设置 串口 换行打印 0 ；从"端口输入/输出"选项中，找到 读取引脚# 2 数字量 ，将引脚参数调整为"2"和"3"；编程如图 20-12 所示。

项目20　伸缩门

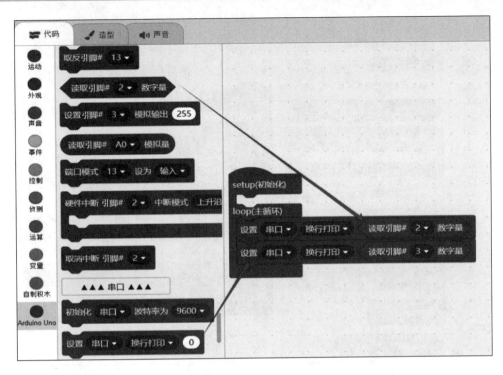

图 20-12　串口设定程序

第三步：从左边的"控制"选项中，找到 [如果那么] 和 [等待1秒]；从"运算"选项中，找到 [○=50]，将右侧参数"50"更改为"0"；从"直流电机驱动"选项中，找到 [设置电机转速(-255~255) 200 调速端 5 方向端 6]，再将里面的速度参数"200"调整为"100"；从"端口输入输出"选项中，找到 [读取引脚# 2 数字量]；编程如图 20-13 所示。

第四步：从左边的"控制"选项中，找到 [如果那么] 和 [等待1秒]；从"运算"选项中，找到 [○=50]，将右侧参数更改为"0"；从"直流电机驱动"选项中，找到 [设置电机转速(-255~255) 200 调速端 5 方向端 6]，再将里面的速度参数调整为"-100"；从"端口输入/输出"选项中，找到 [读取引脚# 2 数字量]，将引脚编号更改为"3"；编程如图 20-14 所示。

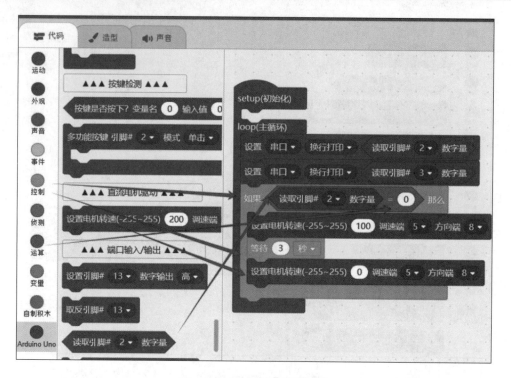

图 20-13 参数设定程序

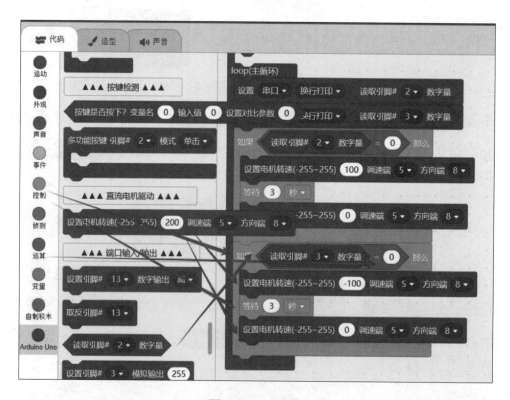

图 20-14 程序

项目 20　伸缩门

第五步：上传测试。

连接计算机并上传编程，进行测试，观察伸缩门能否正常工作。

输入完毕后，单击"给 Arduino"下载程序。

运行结果为：以上每一步都完成后，当按下开门按钮时，电机转动，开门；当按下关门按钮时，电机转动，关门。

20.3.3　伸缩门程序调试

图形化编程不成功的几个现象如下。

（1）程序上传失败。

程序存在逻辑错误或者使用了多个主程序模块。

（2）程序上传成功后，没有达到运行结果。

检查数字引脚接口或程序引脚设置是否错误。本项目用程序测试。

任务 20.4　总结及评价

自主评价式的展示。说一说制作伸缩门的全过程，请同学们介绍所用每个电子元器件的功能，电子 CAD 使用方法和步骤，每条指令的作用和使用方法。展示一下自己制作的伸缩门作品。

1．任务完成大调查

任务完成后，还要进行总结和讨论，教学时可用表 15-3 进行打分。

2．行为考核指标

行为考核指标，主要采用批评与自我批评、自育与互育相结合的方法。同时采用自我考核和小组考核，班级评定方法。班级每周进行一次民主生活会，就自己的行为指标进行评议，教学时可用表 15-4 进行评分。

3．集体讨论题

（1）按键有多少种？如何选用按键？

（2）如何判断按键的好坏？

4. 思考与练习

（1）通过观察，叙述通过按键控制伸缩门开门、关门的编程思路。

（2）画出直流电机接线图。

项目 21　四 驱 坦 克

　　四驱坦克通常指具有强大越野能力和全地形适应性的四驱车辆，它们通常配有先进的四驱系统和全地形技术，可以在各种复杂和困难的路况下行驶。一种功能强大、适应性强的越野车辆，能在各种复杂和困难的路况下展现出优秀的越野性能。本项目完成四驱坦克的拼装，编程实现通过摇杆控制四驱坦克炮塔部分左右旋转的效果。

任务 21.1　四驱坦克机械设计及制作

坦克通常由武器系统、推进系统、防护系统、通信系统、电气设备、特种设备和装置组成，如图 21-1 所示。

图 21-1　四驱坦克

坦克按主要部件的安装位置，通常划分为操纵、战斗、动力-传动和行动四部分，操纵部分（驾驶室）位于前部，战斗部分位于中部，动力-传动部分位于后部，行动部分位于车体两侧翼板下方。

21.1.1　机械零部件选择

对于四驱坦克而言，机械设计主要设计门体和电气控制部分，电机和滚轮可以在市场购买。

1. 武器系统

武器系统包括武器和火控系统两部分。坦克炮是坦克的主要武器，主要配备穿甲弹、破甲弹、杀伤爆破弹等弹种。辅助武器多为 7.62mm 并列机枪、12.7mm 高射机枪。火控系统由火控计算机、火炮双向稳定器、激光测距仪、微光夜视仪和热像仪等组成。

2. 推进系统

推进系统包括动力装置、传动装置、行动装置和操纵装置。

3. 防护系统

防护系统包括车体和炮塔、特种防护装置和各种伪装设备。

4. 通信系统

通信系统主要包括无线电台、车内通话器、信号枪和信号弹。

5. 电气设备

电气设备由发电机、蓄电池和各种照明器材、线路等组成。

6. 特种设备和装置

特种设备和装置包括潜渡装置、导航装置、扫雷装置及推土装置等。

新型主战坦克将采用顶置火炮式等布置形式。武器系统将采用大口径火炮、多功能弹药、自动装弹机和自动跟踪目标的指挥仪/猎歼式火控系统；推进系统将进一步提高功率密度和传动效率及乘坐舒适性；防护系统将采用具有更佳防弹性能的模块化装甲和主动防护系统，将形体防护、结构防护和特种防护有机结合，在不明显增加重量的情况下增强防护力。

21.1.2 四驱坦克机械 CAD 组装图设计

坦克的结构、布局和各种部件、动力装置、武器和其他设备需完美布局，坦克机械部分由车体和炮塔两部分组成。车体由轧制钢板焊接而成，驾驶舱在车体前方左侧，车体中段是战斗舱，其上有炮塔，车体后部为动力-传动舱，发动机横向布置。炮塔为铸造件，车内有 4 名乘员，驾驶员位于车内左前方，便于向前观察；车长位于火炮的左后侧，炮长位置在车长位置的前下方；装填手位置在火炮右侧。本项目的四驱坦克用纸板制作，首先也要做好总体设计。

用 CAD 设计四驱坦克控制系统时，先要进行系统总设计，再进行零部件设计，总设计时要全面考虑机械和电子控制系统的位置和安装。

1. 系统总设计

系统机械部分总设计时，要考虑机械整体尺寸、部件形状、机械加工精度和加工方法；另外还要考虑电器部件的大小、放置位置等，下面细述设计步骤。

第一步：把需要的电器模块按 1∶1 的比例在图纸上画出，如图 21-2 所示。

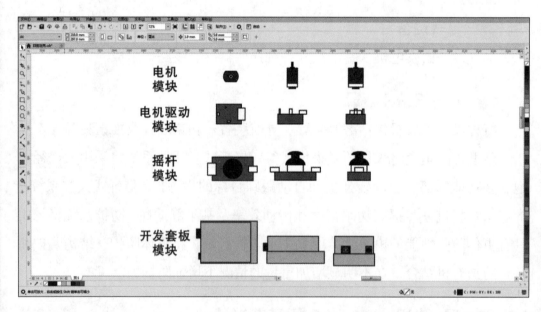

图 21-2　电器实物尺寸

第二步：根据电器件尺寸及样品需求，设计对应的尺寸及电器件位置关系，如图 21-3 所示。

第三步：根据第二步的视图做外壳展开设计，如图 21-4 所示。

2. 部件设计

系统中各部件要分别设计加工图纸，图纸设计好后，再送加工厂加工，下面以图 21-4 中的坦克侧板为例，介绍设计时机械 CAD 软件的使用方法，同时学习圆、矩形、修剪、阵列等知识点。

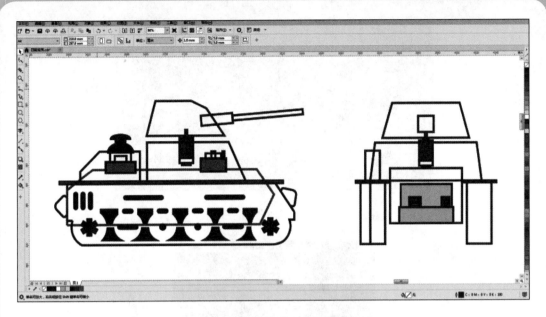

图 21-3　电器件尺寸及位置关系

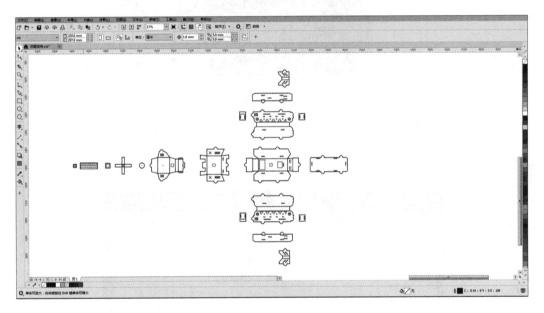

图 21-4　外壳展开设计

（1）打开机械 CAD 软件，使用"直线"命令，绘制如图 21-5 所示图形。

（2）使用"圆"命令，捕捉左下角端点，向右追踪"15"的距离作为圆心，分别绘制半径为"2"和"10"的两个同心圆。

（3）使用"偏移"命令，向下偏移"9"和"10"，绘制两条线段，如图 21-6 所示。

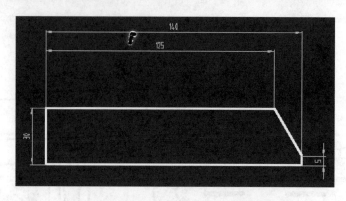

图 21-5 使用"直线"命令绘制图形

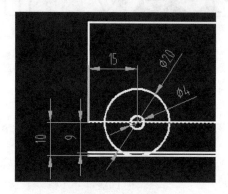

图 21-6 偏移

（4）使用"阵列"命令，选择对象为两个圆，行为 1，列为 6，列偏移为 23，如图 21-7 所示。

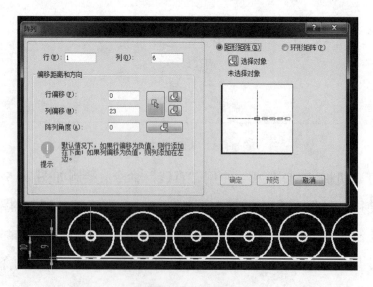

图 21-7 阵列

（5）使用"修剪"命令，删除多余的线段，只保留如图21-8所示部分作为阵列对象。使用"阵列"命令，设置同上。

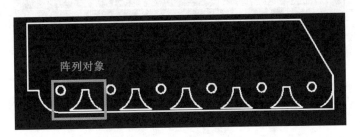

图 21-8　修剪后阵列

（6）使用"修剪"命令，对坦克前方第一个轮子进行延伸和修剪，删除多余线段。用"直线"命令连接圆的象限点和线段的端点，如图21-9所示。

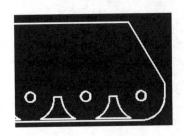

图 21-9　修剪局部

（7）使用"矩形"命令，捕捉坦克的左上角，向下追踪"7"确定矩形的起点，输入"D"，绘制一个长度为7、宽度为14的矩形。

（8）使用"倒角"命令，输入"D"设置倒角的距离为"3"。

（9）使用"复制"命令，以矩形的右侧中点为基数，复制到斜线的中点。

（10）使用"旋转"命令，以中点为基点，输入"R"选择矩形的直角边两个端点作为参照边，单击斜线上方端点作为新角度，如图21-10所示，用同样的方法复制和旋转上方两个矩形。坦克上其他装饰图形可自行设计。

21.1.3　机械件组装调试

在进行总体设计后，将图纸交给生产厂家生产，本项目用2mm厚的瓦楞纸进行制作。由于篇幅有限，拼装制作步骤请参看随材料包一起的拼装指导书。最终四驱坦克成品如图21-11所示。

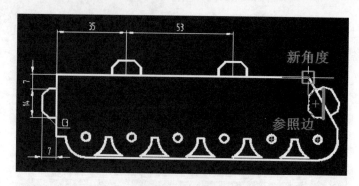

图 21-10　旋转

图 21-11　四驱坦克成品

任务 21.2　四驱坦克控制电路设计及制作

四驱坦克实现了双摇杆手动控制功能。文中分别对智能四驱坦克的系统总体原理框图设计、硬件电路设计、软件程序设计进行介绍。

21.2.1　电子元器件选择

制作一个四驱坦克，在电气控制方面要用到微型计算机控制板、遥杆模块和电动机，本项目新增电气设备为摇杆小模块，下面详述。

1. 双轴摇杆模块

双轴摇杆模块如图 21-12（a）所示，引脚功能如图 21-12（b）所示。双轴摇杆主要由两个 10kΩ 的电位器和一个按键开关组成。

(a) 双轴摇杆模块　　　　(b) 引脚功能

图 21-12　双轴摇杆

两个电位器随着摇杆扭转角度，分别输出 X、Y 轴上对应的电压值，随着摇杆方向不同，抽头的阻值随着变化。在配套机械结构的作用下，无外力扭动的摇杆初始状态下，两个电位器都处在量程的中间位置。本模块使用 5V 供电，原始状态下 X、Y 轴读出电压为 2.5V 左右，当随箭头方向按下，读出电压值减少，最小为 0V。其实此模块就是一个电位器，X、Y 维的数据输出就是模拟端口读出的电压值。在 Z 轴（标注为 SW）方向上按下摇杆可触发轻触按键，只输出 0 和 1。

2. 模块引脚

双轴摇杆模块有 5 个引脚，每个引脚的定义和功能如表 21-1 所示。

表 21-1　双轴摇杆引脚功能

引　脚　名	功　　能	主板数字标号
GND	接地	GND
+5V	接 5V 电压	5V
VRX	X 方向模拟量	A0
VRY	Y 方向模拟量	A1
SW	按键模块，（Z 方向上的按键）	9

3. 程序控制器

四驱坦克微机控制电路主要由 DC 电源电路、微机控制电路、驱动输出电路、双摇杆电路组成。

21.2.2 四驱坦克电子 CAD 原理图设计

打开 CAD 软件，在主界面中可放置芯片 ATmega328P-PN、电机驱动器、直流电机 MOT1、双轴摇杆 H1、+5V 电源、GND 各器件。器件放置完毕后，再放置导线，保存文件，命名为 5x07，设计后的原理图如图 21-13 所示。图中有些字母和数字与实物有些不同，若要完全相同，就要专门制作器件，这是电子 CAD 的一种技术能力。

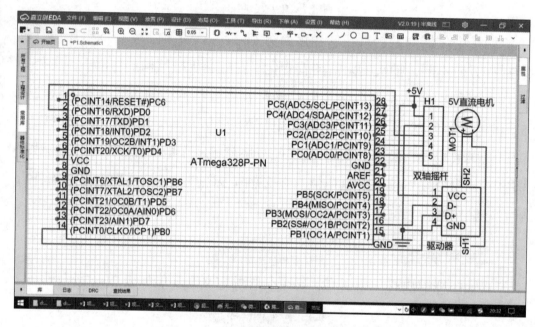

图 21-13　四驱坦克电子 CAD 原理图

21.2.3 四驱坦克电路硬件制作及调试

本项目购买已经做好的小模块实现电气控制，实物如图 21-14 所示，分别为主板、电机驱动模块、直流电机和摇杆模块。

直流电机驱动模块接线图如表 21-2 所示，为了即插即用，设计时分开两组插座，每组分为电源正极、电源负极和信号线 3 个端口。

项目 21　四驱坦克

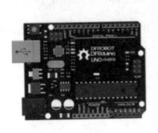
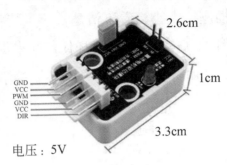
电压：5V

直流马达电机

PS2手柄模块

图 21-14　电路元器件实物

表 21-2　直流电机引脚功能及接线

引　脚　名	功　　能	主板数字标号
GND	接地	GND
+5V	接 5V 电压	5V
PWM	电机控制信号端	10
DIR	电机方向控制端	8

1. 硬件连接

硬件连接时，使用 Arduino 主板，如图 21-15（a）所示，主板接线一般采用插针方法或焊接方法。插针方法接触不良，焊接方法要使用电烙铁，既不安全又不方便，为了解决这些问题，专门设计了扩展板，如图 21-15 所示。扩展板只是将主板的接线端口引出，便于接线，实现即插即用，图中标注数字与主板引脚标号一模一样，唯一改变的是，每一条引脚用一个插座。每个插座分为电源正极、电源负极和信号线 3 个插针。

由于插座字太小,看不清楚数字,特将AS008扩展板数字一一对应放大后置于图21-15(b)中,这样使用起来更加方便。一般扩展板与主板通过插针连接,使用时注意对好针孔,不要接错即可。

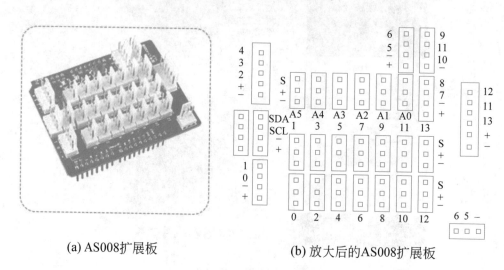

(a) AS008扩展板　　　　　　　　(b) 放大后的AS008扩展板

图21-15　扩展板接线插座图

使用扩展板后,按表21-3连线,连好线的实物,如图21-16所示。

表21-3　总接线汇总

模　块	引　脚　名	功　　能	主板数字标号
超声波	GND	接地	GND
	+5V	接5V电压	5V
	PWM	电机控制信号端	10
	DIR	电机方向控制端	8
双轴摇杆	X	双轴摇杆X方向	A0
	Y	双轴摇杆Y方向	A1
	SW(Z)	双轴摇杆Z方向	0

2. 硬件调试

制作好电路后,要对电路进行检查,一般用万用表一个一个器件地检查测试。器件检查无误后,再进行电压检查测试。

项目 21　四驱坦克

图 21-16　坦克实物连线图

任务 21.3　四驱坦克编程控制

设计好电路图和用电子元器件制作好电路后,测试也没有问题,下一步就进行编程控制,在编程之前要对指令进行了解。

21.3.1　指令介绍

现在是用"创启迪"编写程序,"创启迪"用的是 Arduino 集成开发环境,下面具体介绍程序的编写方法。首先介绍本项目用到的新指令如表 21-4 所示。

表 21-4　图形化指令

所属模块	指　　令	功　　能
Arduino	读取引脚# A0 ▼ 模拟量	读取模拟量指令
Arduino	● = 50　● > 50	比较指令

续表

所属模块	指令	功能
Arduino		设置中断状态

编写如图 21-17 所示的测试程序。

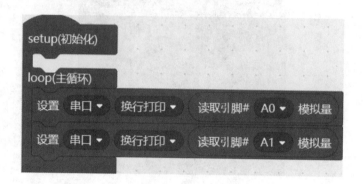

图 21-17 测试程序

运行后观察串口数据，①当向前、向后推动时，串口显示的 A1 模拟量数值范围是（　　）；②当向左、向右推动时，串口显示的 A0 模拟量数值范围是（　　）。

21.3.2 四驱坦克图形化编程

打开"创启迪"，完成加载扩展 Arduino UNO 库，并用 USB 线将主板和计算机相连，然后在连接设备复选框中选择主板并连接。之后将左侧指令区拖曳到脚本区。当向前推动摇杆时，四驱坦克炮塔左旋转；当向后推动摇杆时，四驱坦克炮塔右旋转。

第一步：打开"图形化编程"软件，单击左下角"扩展"，在"Arduino 主控板"选项下添加"Arduino UNO 主控板"。

第二步：从左边的"Arduino UNO"选项中，找到 ；从"控制"选项中，找到 等待 ；从"端口输入/输出"选项中，找到 读取引脚# 2 数字量，

项目 21 四驱坦克

将引脚参数"2"调整为"0";从"运算"选项中,找到 ,将右侧参数"50"更改为"0";编程如图 21-18 所示。

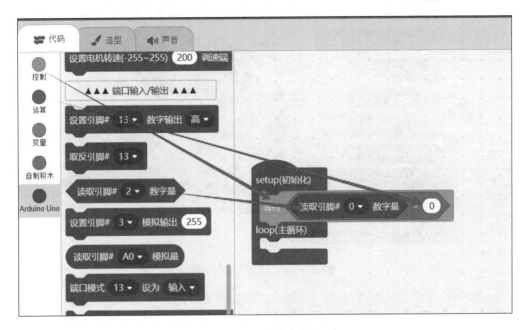

图 21-18 设定指令程序

第三步:从"控制"选项中,找到 ;从"运算"选项中,找到 ,将右侧参数"50"更改为"700";从"直流电机驱动"选项中,找到 ,再将里面的速度参数调整为"100"和"0";从"端口输入/输出"选项中,找到 ;编程如图 21-19 所示。

第四步:从"控制"选项中,找到 ;从"运算"选项中,找到 ,将右侧参数"50"更改为"300";从"直流电机驱动"选项中,找到 ,再将里面的速度参数调整为"–100"和"0";从"端口输入/输出"选项中,找到 ;编程如图 21-20 所示。

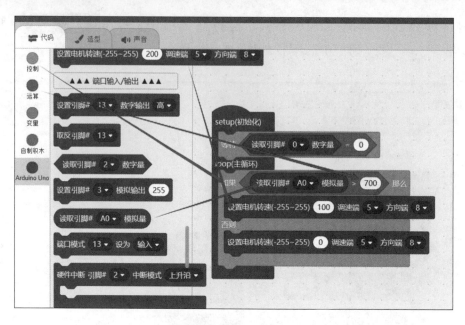

图 21-19 读模拟量程序

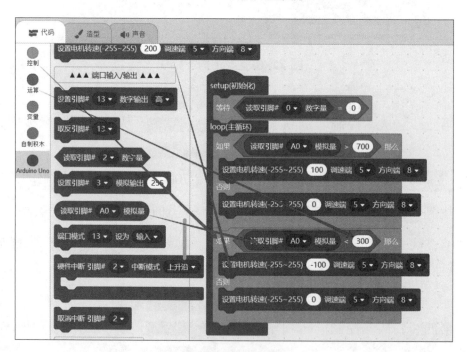

图 21-20 程序

第五步：上传测试。

完成程序编写，上传程序，分别观察向前推动、向后推动、向左推动、向右推动摇杆模块时，串口显示数值变化，以及四驱坦克的动作情况。

21.3.3 四驱坦克程序调试

图形化编程不成功的几个现象如下。

（1）程序上传失败。

程序存在逻辑错误或者使用了多个主程序模块。

（2）程序上传成功后，没有达到设计效果。

检查数字引脚接口或程序引脚设置是否错误。本项目用程序测试。

任务 21.4　总结及评价

自主评价式的展示。说一说制作四驱坦克的全过程，请同学们介绍所用每个电子元器件的功能，电子 CAD 的使用方法和步骤，每条指令的作用和使用方法。展示一下自己制作的四驱坦克作品。

1．任务完成大调查

任务完成后，还要进行总结和讨论，教学时可用表 15-3 进行打分。

2．行为考核指标

行为考核指标，主要采用批评与自我批评、自育与互育相结合的方法。同时采用自我考核和小组考核，班级评定方法。班级每周进行一次民主生活会，就自己的行为指标进行评议，教学时可用表 15-4 进行评分。

3．集体讨论题

（1）如果需要给四驱坦克加上前后移动的效果，需要增加什么传感器，怎样编程？

（2）往哪个方向移动引脚时，A0 的模拟量会发生什么变化？

4．思考与练习

（1）怎样编写摇杆控制四驱坦克炮塔部分左右旋转的编程？

（2）摇杆模块的前后移动，代表的是哪个轴的方向？

项目 22　机　器　人

　　机器人是集语音识别技术和智能运动技术于一身的高科技产品,该机器人为仿人型,身高、体形、表情等都力争逼真,亲切、可爱、美丽、大方、栩栩如生,给人以真切之感,体现人性化。机器人外形设计具有卡通形象特征,主要包括头部、颈部、胳膊、躯体和底部行走机构。

　　将机器人放置会场、宾馆、商场等活动及促销现场,当宾客经过时,机器人会主动打招呼。随着科技的发展,人工智能进入我们的生活,让生活有了无限可能。现在利用人工智能的组件来制作一个迎宾机器人。本项目完成机器人的拼装,编程实现当检测到有人靠近时,发出声音并做出欢迎姿势的效果。

项目 22 机器人

任务 22.1 机器人机械设计及制作

机器人具有感知、决策、执行等基本特征，可以辅助甚至替代人类完成危险、繁重、复杂的工作，提高工作效率与质量，服务人类生活，扩大或延伸人的活动及能力范围，如图 22-1 所示。

图 22-1 机器人

机器人包括机械系统和电器控制系统。机械系统是机器人的物理支撑，包括机身、关节、传动系统等；电气控制系统包括电气设备硬件、软件和相关理论。

22.1.1 机械零部件选择

机器人机械结构通常包括以下几个主要部分：机械本体、控制系统硬件、驱动系统硬件、传感器系统硬件。

机械本体：也称为操作机，是机器人的物理执行部分，相当于人的身体。它通常由手部（末端执行器）、腕部、臂部、腰部和基座构成。机械本体多采用关节式结构，具有6个自由度，包括3个用于确定末端执行器位置和3个用于确定末端执行器方向的自由度。末端执行器可以根据操作需要换成各种工具，如焊枪、吸盘、扳手等。

控制系统：是机器人的"大脑"，负责处理作业指令和信息、控制执行机构的运动，并做出决策。控制系统可以分为开环控制系统和闭环控制系统、程序控制系统、适应性控制系统和智能控制系统。

驱动系统：为机器人提供动力，相当于人的心血管系统。驱动系统通常由电动机、液压缸、气缸等执行机构和传动机构组成，如齿轮传动、链传动、谐波齿轮传动、螺旋传动、带传动等。驱动方式可以是电动、液动和气动。

传感器系统：机器人的感测系统，相当于人的感觉器官，用于感知环境或检测机器人本身的状态。传感器可以分为内部传感器和外部传感器，如位置传感器、速度传感器、环境传感器和末端执行器传感器。这些部分共同协作，使机器人能够执行各种任务和操作。

22.1.2 机器人机械CAD组装图设计

用CAD设计机器人系统时，先要进行系统总设计，再进行零部件设计，总设计时要全面考虑机械和电子控制系统的位置和安装。

1. 系统总设计

系统机械部分总设计时要考虑机械整体尺寸、部件形状、机械加工精度和加工方法；另外还要考虑电器部件的大小、放置位置等，下面细述设计步骤。

第一步：把需要的电器模块按1∶1的比例在图纸上画出，如图22-2所示。

第二步：根据电器件尺寸及样品需求，设计对应的尺寸及电器件位置关系，如图22-3所示。

项目 22 机器人

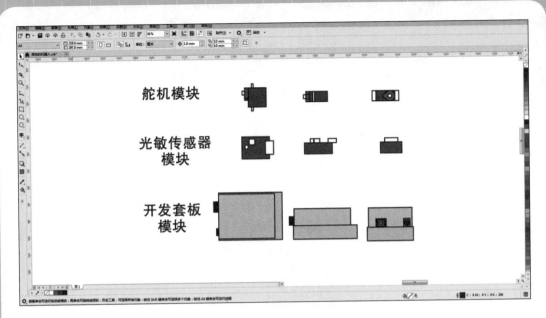

图 22-2 电器实物尺寸

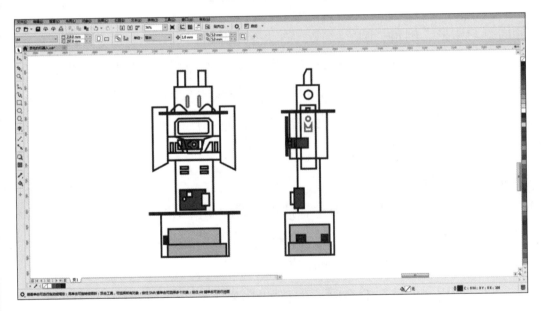

图 22-3 电器件尺寸及位置关系

第三步：根据第二步的视图做外壳展开设计，如图 22-4 所示。

2. 部件设计

系统中各部件要分别设计加工图纸，图纸设计好后，再送加工厂加工，下面以图 22-4 中的机器人侧板为例，介绍设计时机械 CAD 软件的使用方法，

119

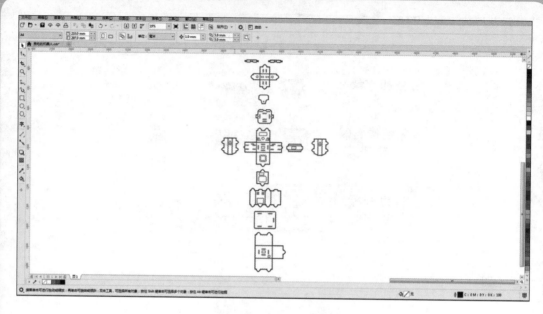

图 22-4　系统设计图

同时学习矩形、倒角、圆、镜像、移动等知识点。

（1）打开中望机械 CAD 软件，右击"对象捕捉"，从弹出的快捷菜单中选择"设置"，在打开的对话框中勾选"象限点"和"中点"。

（2）使用"矩形"命令，单击绘图区任意一点，确定矩形的第一点，输入"D"，按"空格"键确定，设置矩形的长度为"50"，宽度为"50"，单击确定矩形的位置。

（3）继续使用"矩形"命令，捕捉之前绘制的矩形的左上角，向正下方移动鼠标指针，输入"5"，对象追踪确定矩形的起点，输入"D"，绘制一个长度为"5"，宽度为"12"的矩形。

（4）使用"偏移"命令，偏移的距离输入"2"，偏移对象为小矩形，单击矩形内部完成偏移。

（5）使用"倒角"命令，输入"D"，按"空格"键确定，输入倒角距离1，另一倒角距离1，选择矩形左上角两条边，完成矩形的倒角。

（6）使用"镜像"命令，选择倒角后的矩形，大矩形的水平中线作为镜像线，完成镜像。同样的方法，将左边两个带倒角的矩形一起镜像到大矩形的右侧，大矩形的垂直中线作为镜像线，如图 22-5 所示。

（7）使用"直线"命令，连接两个倒角的矩形。使用"分解"命令，将所有矩形分解。使用"修剪"命令，按"空格"键确定，将所有边作为修剪边，然后单击不要的线段，其他多余的线段按 Delete 键删除，如图 22-6 所示。

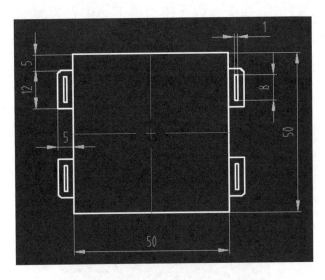

图 22-5　倒角

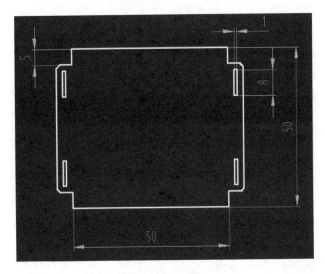

图 22-6　修剪

（8）选择"圆"命令，在绘图区任意位置单击，指定圆心，输入圆的半径"6"，按"空格"键确定。使用"直线"命令，起点为圆的右侧象限点，向下移动，输入长度"12"，按住 Shift 键同时右击，在弹出的菜单中选择"切点"，捕捉圆的左侧切点，如图 22-7 所示。

（9）使用"镜像"命令 ▲，将心形的左半部分全部选中，在长度"12"的线段上分别单击两个端点作为镜像线，不删除源对象，即可完成整个心形的绘制。

（10）使用"直线"命令，以大矩形的下边中点为起点，鼠标向上移动输入"15"，绘制一条辅助线。使用"移动"命令，基点为爱心的底部端点，移动到辅助线的上端点。删除不需要的辅助线，完成该部件的绘制，最终效果如图 22-8 所示。

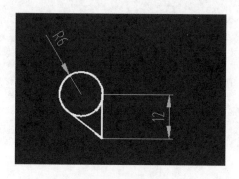

图 22-7 绘制心形

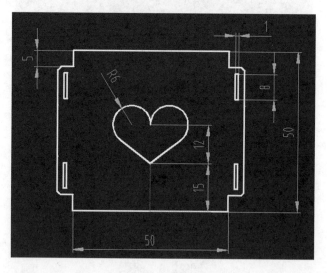

图 22-8 最终效果

22.1.3 机械件组装调试

在进行总体设计后，将图纸交给生产厂家生产，本项目用 2mm 厚的瓦楞纸进行制作。由于篇幅有限，拼装制作步骤请参看随材料包一起的拼装指导书。最终机器人成品如图 22-9 所示。

超声感应到人或物体时机器人做出欢迎姿势并发出声音

图 22-9　机器人成品

任务 22.2　机器人控制电路设计及制作

本项目分别对智能机器人的系统总体电气控制系统原理框图设计、硬件电路设计、软件程序设计进行详细介绍。

22.2.1　电子元器件选择

制作一个机器人模拟系统，在电气控制方面要用到微型计算机控制板、超声波传感器小模块和电动机，本项目新增电气设备为超声波传感器小模块，下面详述。

1. 超声波传感器模块

超声波传感器模块如图 22-10 所示，各引脚功能如表 22-1 所示。超声波传感器能够检测它与被测物体之间的距离。超声波传感器模块的左边探头负责发射超声波，右边探头则负责接收超声波。

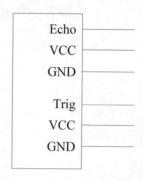

图 22-10 超声波传感器模块

人的耳朵能听到的声波频率为 20~20 000Hz，高于 20 000Hz 的声波称为超声波，声波在遇到障碍物时会被反弹，并被超声波传感器的探头接收到，利用发送时间到接收时间的时间差，可以计算超声波探头到障碍物之间的距离。

表 22-1　超声波传感器各引脚功能

引　脚	名　　字	功　能
VCC	+5V 电源正极	供电
Trig	输入触发信号（可以触发测距）	发射超声波
Echo	传出信号回响（可以传回时间差）	接收超声波
GND	+5V 电源负极	供电

2．程序控制器

机器人微机控制电路主要由 DC 电源电路、微机控制电路、驱动输出电路、各种传感器和遥控信号接收电路组成。

22.2.2　机器人电子 CAD 原理图设计

打开 CAD 软件，在主界面中可放置芯片 ATmega328P-PN、继电器 $K1$、直流电机 MOT1、双轴摇杆 H1、三极管 $Q1$、电阻 $R1$、+5V 电源、GND 各器件，之后再放置导线，保存文件，命名为 5x08，设计后的原理图如图 22-11 所示。$R1$ 为三极管限流电阻设置静态工作点，三极管是驱动电路，也起到隔离和防干扰的作用。

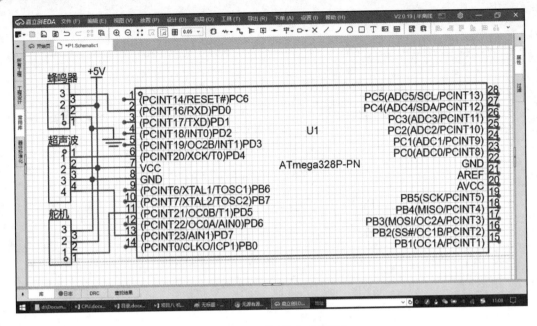

图 22-11 机器人电路图

22.2.3 机器人电路制作调试

本项目购买已经做好的小模块实现电器控制系统,实物如图 22-12 所示,包括超声波传感器、无源蜂鸣器和舵机。

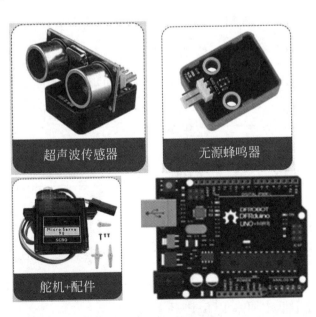

图 22-12 实物图

超声波传感器接线较复杂，接线方法如表 22-2 所示。为了即插即用，设计时分开两组插座，每组分为电源正极、电源负极和信号线 3 个端口。

表 22-2　超声波传感器引脚功能及接线

插　座	引脚名	功　　能	主板数字标号
接收信号插座	Echo	传出信号回响，接收信号	7
	VCC	5V 电压，电源 5V 正极	5V
	GND	接地，电源 5V 负极	GND
发射信号插座	Trig	输入触发信号，发射信号	4
	VCC	5V 电压，电源 5V 正极	5V
	GND	接地，电源 5V 负极	GND

1. 硬件连接

硬件连接时，使用 Arduino 主板，将 3 个小模块按表 22-3 连线，连接好线的系统如图 22-13 所示。

表 22-3　总接线汇总

模　块	引脚名	功　　能	主板数字标号
超声波传感器	GND	接地	GND
	+5V	接 5V 电压	5V
	Trig	输入触发信号（可以触发测距）	4
	Echo	传出信号回响（可以传回时间差）	7
舵机	控制信号	转动	5
无源蜂鸣器	信号线	蜂鸣器发声	2

2. 硬件调试

制作好电路后，要对电路进行检查，检查方法一般是在关键点注入电压，有时用高电平，有时用低电平，具体要看电路连接方法。若是灌电流，单片机系统测试一般用低电平，以免烧坏芯片。

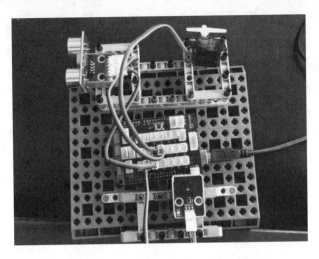

图 22-13 机器人硬件连线图

任务 22.3 机器人编程控制

设计好电路图和用电子元器件制作好电路后,测试也没有问题,下一步就进行编程控制,在编程之前要对一些新指令进行了解。

22.3.1 指令介绍

现在是用 Mind+ 编写程序,Mind+ 用的是 Arduino 集成开发环境,下面具体介绍程序的编写方法。首先介绍本项目用到的新指令如表 22-4 所示。

表 22-4 图形化指令

所属模块	指 令	功 能
Arduino	读取引脚# Trig: 4 ▼ Echo: 7 ▼ 超声测距值(CM)	读取超声波测距值指令
Arduino	设置 串口 ▼ 换行打印 ▼ 0	串口设定指令
Arduino	设置引脚# 13 ▼ 舵机角度 90	设置舵机指令

编写测试程序如图 22-14 所示,用橡皮进行测试,一起来看看超声波传

感器测的距离数值是多少。

图 22-14　测试程序

运行后观察串口数据：①当距离超声波传感器 1 个橡皮长度的距离时，串口显示的数值是（　　）；②当距离超声波传感器 2 个橡皮长度的距离时，串口显示的数值是（　　）；③当距离超声波传感器 3 个橡皮长度的距离时，串口显示的数值是（　　）。

22.3.2　机器人图形化编程

打开 Mind+，完成前一课中所学的加载扩展 Arduino UNO 库，并用 USB 线将主板和计算机相连，然后在连接设备复选框中选择主板并连接。之后将左侧指令区拖曳到脚本区。编程实现当检测到有人靠近时，发出声音并做出欢迎姿势。

第一步：打开"图形化编程"软件，单击左下角"扩展"，在"Arduino 主控板"选项下添加"Arduino UNO 主控板"。

第二步：从左边的"Arduino UNO"选项中，找到 ；从"传感器"选项中，找到 ，从"串口"选项中，找到 ；从"执行模块"选项中，找到 ，将引脚参数"13"调整为"5"，舵机角度参数"90"调整为"0"；编写程序如图 22-15 所示。

项目 22 机器人

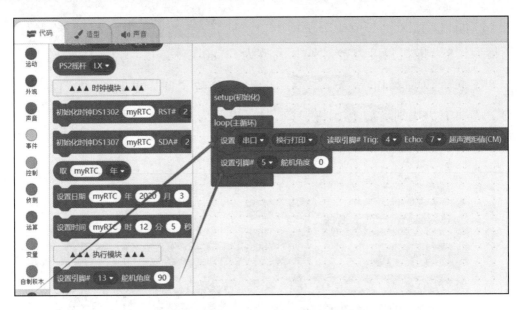

图 22-15 读取超声波传感器程序（1）

第三步：从"传感器"选项中，找到 读取引脚# Trig: 4 Echo: 7 超声测距值(CM)；从"控制"选项中，找到 如果 那么 ；从"运算"选项中，找到 < 50 ，将右侧参数"50"更改为"20"；编写程序如图 22-16 所示。

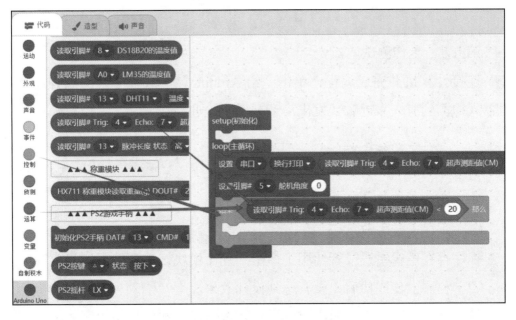

图 22-16 读取超声波传感器程序（2）

129

第四步：从"执行模块"选项中，找到 设置引脚# 13 舵机角度 90 ，将引脚参数"13"调整为"5"，舵机角度参数"90"调整为"180"；从"蜂鸣器模块"选项中，找到 引脚# 11 蜂鸣器音调 C2 和 引脚# 11 停止播放 ，将引脚参数"11"更改为"2"；从"控制"选项中，找到 等待 1 秒 ，将参数"1"更改为"0.3"；编写程序如图22-17所示。

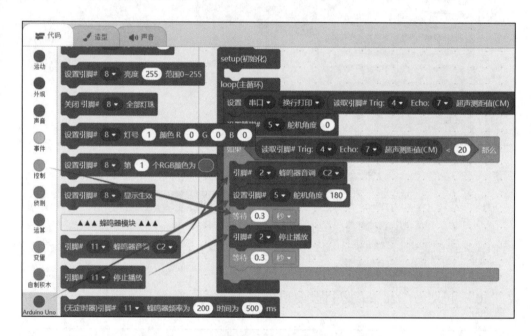

图 22-17　程序

第五步：上传测试。

连接计算机并完成编程，单击"给Arduino"下载程序。测试程序，当机器人检测到有人靠近时，发出声音并做出欢迎动作。

22.3.3　机器人程序调试

图形化编程不成功的几个现象如下。

（1）程序上传失败。

程序存在逻辑错误或者使用了多个主程序模块，重新编写或修改程序。

（2）程序上传成功后，没有达到设计效果。

检查数字引脚接口或程序引脚设置是否错误。本项目用程序测试。

项目 22　机器人

任务 22.4　总结及评价

自主评价式的展示。说一说制作机器人的全过程，请同学们介绍所用每个电子元器件的功能，电子 CAD 使用方法和步骤，每条指令的作用和使用方法。展示一下自己制作的机器人作品。

1. 任务完成大调查

任务完成后，还要进行总结和讨论，教学时可用表 15-3 进行打分。

2. 行为考核指标

行为考核指标，主要采用批评与自我批评、自育与互育相结合的方法。同时采用自我考核和小组考核，班级评定方法。班级每周进行一次民主生活会，就自己的行为指标进行评议，教学时可用表 15-4 进行评分。

3. 集体讨论题

（1）如果给迎宾机器人加上"欢迎光临"的语音效果，需要增加什么传感器？如何操作？

（2）超声波的频率是多少？

4. 思考与练习

（1）怎样编写当机器人检测到有人靠近时发出声音并做出欢迎姿势的程序？

（2）超声波的波长是什么？

项目 23　幸 运 转 盘

　　在商场、超市等地方购物时，经常会参加一些购物抽奖活动。抽奖的方式有很多种，其中有一种幸运转盘很受大家喜欢。它不仅参与度很强，而且还可以较为直观地显示奖项内容，让人在抽奖时非常期待。但抽奖转盘的转动大多是用手拨动，难免会有些不公平。

　　本项目利用编程套件设备设计制作一个幸运转盘，不用手就可以让它转起来，还可以自动反馈中奖信息。这样的幸运转盘一定会吸引更多人。

　　随着科技的发展，人工智能慢慢进入大家的生活，编程激起了越来越多人的学习兴趣。本项目完成幸运转盘的拼装，编程实现：①通过按键控制舵机转动角度；② LED 灯闪烁；③抽奖结束后指示灯常亮。

项目 23　幸运转盘

任务 23.1　幸运转盘机械设计及制作

幸运转盘通常由电气设备、转盘和转动装置组成，如图 23-1 所示。幸运转盘包括机械和电气控制两部分。

图 23-1　幸运转盘

机械部分分为底座、立柱、转盘和指针四部分，转盘上有刻度或标注中奖等级，当转动的转盘停止后，指针所指位置就是中奖结果。转动转盘有电动和手动两种方法，若用电气控制，就需要舵机、指示灯和控制器。

23.1.1　机械零部件选择

对于幸运转盘而言，机械设计主要设计转盘和电气控制部分，舵机和转轴可以在市场购买。

1. 转盘

幸运转盘的架子一般用铁架，转盘一般采用 KT 板、PVC 板制作。盘面上标注中奖等级，手动或者电动启动转盘旋转，停止时，指针指出中奖等级。

2. 电气系统

电气控制系统包括舵机、启动按钮和停止按钮。

23.1.2 幸运转盘机械 CAD 组装图设计

用 CAD 设计幸运转盘系统时，先要进行系统总设计，再进行零部件设计，总设计时要全面考虑机械和电子控制系统的位置和安装。

1. 系统总设计

系统机械部分总设计时要考虑机械整体尺寸、部件形状、机械加工精度和加工方法；另外还要考虑电器部件的大小、放置位置等，下面细述设计步骤。

第一步：把需要的电器模块按 1∶1 的比例在图纸上画出，如图 23-2 所示。

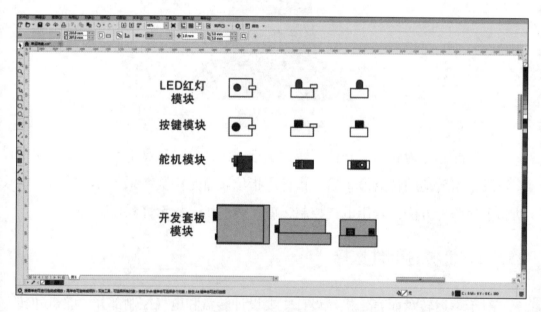

图 23-2　电器模块

第二步：根据电器件尺寸及样品需求设计对应的尺寸及电器件位置关系，如图 23-3 所示。

第三步：根据第二步的视图做外壳展开设计，如图 23-4 所示。

图 23-3　电器件尺寸及位置关系

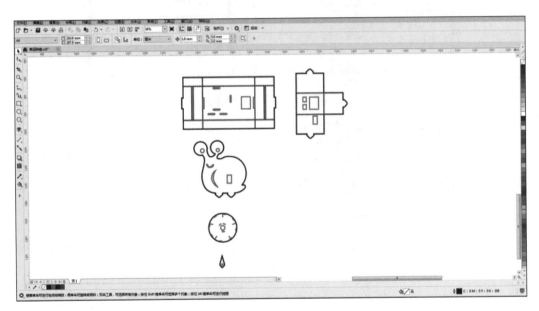

图 23-4　外壳展开设计

②. 部件设计

系统中各部件要分别设计加工图纸，图纸设计好后，再送加工厂加工，下面以图 23-4 中的圆盘图为例，介绍设计时机械 CAD 软件的使用方法，同时学习文字和阵列知识点。

（1）打开机械CAD软件，使用"圆"命令，在绘图区任意位置单击，确定圆心，输入50，作为圆的半径。

（2）右击"对象捕捉"，选择快捷菜单中的"设置"，勾选"象限点"。

（3）使用"直线"命令，连接圆心和象限点，绘制一条直线。

（4）使用"阵列"命令，选择"环形矩阵"，圆心为中心点，项目总数为12，填充角度为360，选择对象为直线，单击"确定"按钮，如图23-5所示。

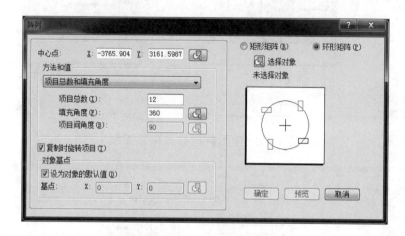

图 23-5　阵列设置

（5）使用"文字"命令 ，在适当位置单击并输入"一等奖"。

（6）使用"阵列"命令，单击"环形矩阵"，圆心为中心点，项目总数为12，填充角度为360。选择对象"一等奖"，单击"确定"按钮。

（7）双击文字可逐一修改其他奖项文字。

（如果要修改的文字较多，可以用"阵列"命令，下面补充介绍使用"阵列"命令的方法。）

（8）只保留"一等奖""二等奖""三等奖"各一个，删除其他文字。

（9）使用"阵列"命令，单击"环形矩阵"，圆心为中心点，项目总数为4，填充角度为360。选择对象"一等奖""二等奖""三等奖"，单击"确定"按钮。最终绘制的部件如图23-6所示。

23.1.3　机械件组装调试

在进行总体设计后，将图纸交给生产厂家生产，本项目用2mm厚的瓦

项目 23　幸运转盘

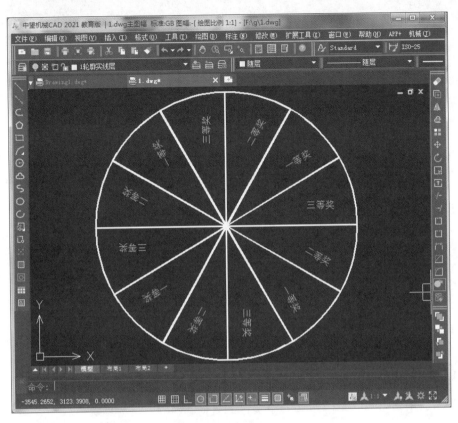

图 23-6　幸运转盘

楞纸进行制作。由于篇幅有限，拼装制作步骤请参看随材料包一起的拼装指导书。最终幸运转盘成品如图 23-7 所示。

按键启动随机抽奖，
随机停止猫手摇摆
表示祝贺

每按一次按键，指针
移动一个项目，随机
触发猫手摇摆

图 23-7　幸运转盘成品

137

任务 23.2　幸运转盘控制电路设计及制作

幸运转盘的转动由按键控制，当按下按键时，幸运转盘开始转动，同时指示灯闪动，转盘自动停止转动后，指示灯常亮。文中分别对智能幸运转盘的系统总体原理框图设计、硬件电路设计、软件程序设计进行介绍，实验结果表明，本智能幸运转盘实现了人机交互，使用起来方便、快捷、功能人性化。

23.2.1　电子元器件选择

制作一个幸运转盘。在电气控制方面要用到微型计算机控制板和舵机，本项目新增的电气设备为舵机，下面详述。

1. 舵机

舵机如图 23-8 所示。舵机主要由两个 10kΩ 的电位器和一个按键开关组成。

图 23-8　舵机

舵机，是一个可以变化角度的驱动装置。在计算机上进行编程，将程序上传到主控板，就能准确地控制舵机角度的变化。

舵机可以摆动的角度的最大范围为 0°~180°，请你尝试拨动舵机到 0°、90°、180°时的位置。

舵机有三根引线，分别为电源正极线，电源负极线和控制信号线，每根线的颜色各厂家有所区别，按照产品说明书接线即可，注意不要接错。

2. 控制器

幸运转盘微机控制电路主要由 DC 电源电路、微机控制电路、驱动输出电路、舵机电路组成。

23.2.2　幸运转盘电子 CAD 原理图设计

打开 CAD 软件，在主界面中可放置各种器件。本项目分别放置芯片 ATmega328P-PN、舵机、按键和指示灯等器件。器件放置完毕后，再放置导线，保存文件，命名为 5x09，设计后的原理图如图 23-9 所示。

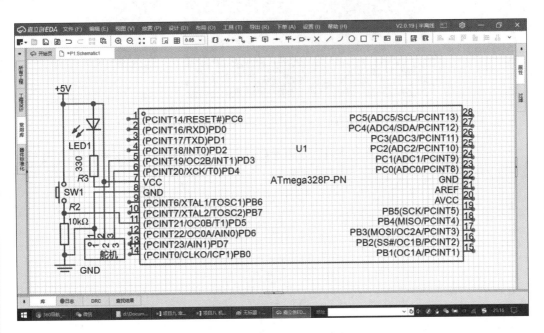

图 23-9　幸运转盘电路图

23.2.3　幸运转盘电路制作调试

设计好原理图后，同时要设计好印制电路板（PCB），做 PCB 需要专门的厂家，价格较高，现在购买已经做好的小模块。本项目使用的硬件是开发主板、舵机、按键小模块和红色 LED 指示灯小模块。

1. 硬件连接

使用 Arduino 主板，接上 USB 数据线、供电，准备下载程序。先连接 3 个外设，按键小模块的信号线连接到主板数字标号 5 处。按钮一端连接 5V，另一端连接 GND。指示灯小模块的信号线连接到主板数字标号 3 处，舵机信号线连接到主板数字标号 4 处，如图 23-10 所示。

图 23-10　幸运转盘硬件接线

图 23-10 右边的主板扩展板如图 23-11 所示，图中标注数字都没有改变，只是为连接方便，实现即插即用。

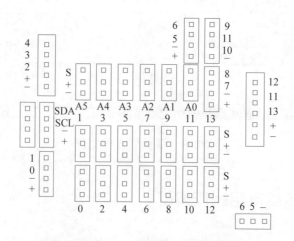

图 23-11　扩展板接线插座图

硬件连接时，使用 Arduino 主板，将按键、指示灯小模块按表 23-1 连线，接好线的电气控制系统如图 23-12 所示。

表 23-1 总接线汇总

模 块	引脚名	功 能	主板数字标号
舵机	控制信号	转动	4
指示灯	+	点亮	3
	−		
按键	S 信号		5

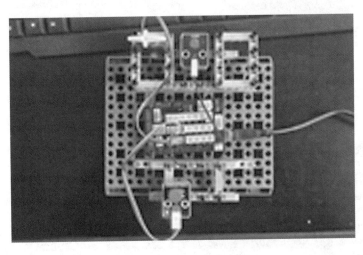

图 23-12 幸运转盘硬件连线图

2. 硬件调试

制作好电路后，要对电路进行检查，检查方法一般用万用表一个一个器件地检查测试。在器件检查无误后再进行电压检查测试。

任务 23.3 幸运转盘编程控制

设计好电路图和用电子元器件制作好电路后，测试也没有问题，下一步就进行编程控制，在编程之前要对指令进行了解。

23.3.1 指令介绍

现在是用"创启迪"编写程序,"创启迪"用的是 Arduino 集成开发环境,下面具体介绍程序的编写方法。首先介绍本项目用到的新指令如表 23-2 所示。

表 23-2 图形化指令

所属模块	指令	功 能
Arduino	读取引脚# Trig: 4▼ Echo: 7▼ 超声测距值(CM)	读取超声波测距值指令
Arduino	设置 串口▼ 换行打印▼ 0	串口设定指令
Arduino	设置引脚# 13▼ 舵机角度 90	设置舵机指令

编写如图 23-13 所示程序,用橡皮进行测试,一起看看超声波传感器测的距离数值是多少。

图 23-13 程序

程序运行后观察串口数据:①当距离超声波传感器 1 个橡皮长度的距离时,串口显示的数值是(　　);②当距离超声波传感器 2 个橡皮长度的距离时,串口显示的数值是(　　);③当距离超声波传感器 3 个橡皮长度的距离时,串口显示的数值是(　　)。

23.3.2 幸运转盘图形化编程

打开"创启迪"软件,完成前一课中所学的加载扩展 Arduino UNO 库,并用 USB 线将主板和计算机相连，然后在连接设备复选框中选择主板并连接。之后将左侧指令区拖曳到脚本区。当按下按键时，幸运转盘开始转动，同时指示灯闪动；转盘自动停止转动后，指示灯常亮。

第一步：打开"图形化编程"软件，单击左下角"扩展"，在"Arduino 主控板"选项下添加"Arduino UNO 主控板"。

第二步：从左边的"Arduino UNO"选项中，找到 ；从"变量"选项中，创建"随机角度"变量，找到 声明 整形 变量 随机度数 ；从"控制"选项中，找到 如果 那么 否则 ；从"运算"栏目中，找到 ○ = 0 ；从"端口"选项中，找到 读取引脚# 2 数字量 ，将引脚编号改成"5"；完成下面的编程，如图 23-14 所示。

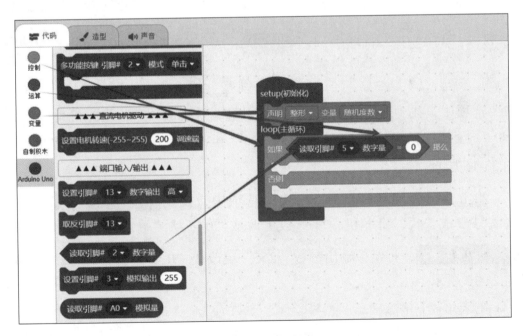

图 23-14 键盘读取程序

第三步：从"变量"选项中，找到 设置变量 随机度数 = 0 ；从"运算"栏目中，找到 在 1 和 10 之间取随机数，将参数修改为"1"和"6"；从"端口"选项中，找到 设置引脚# 3▼ 模拟输出 255 ；完成下面的编程，如图23-15所示。

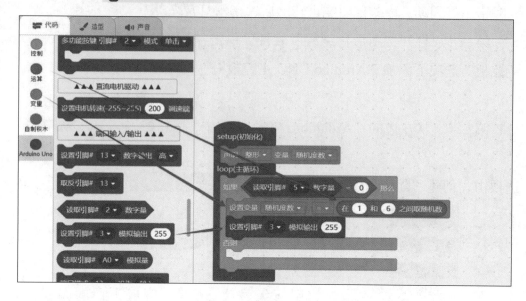

图23-15 数据处理程序

第四步：从左边的"自制积木"选项中，创建随机判断函数，然后找到 随机判断 ；从"变量"选项中，找到 随机度数 ；从"控制"选项中，找到 如果 那么 和 等待 1 秒 ；从"运算"栏目中，找到 ◯ = ◯ ；从左边的"执行模块"选项中，找到 设置引脚# 13▼ 舵机角度 90 ，将引脚编号改成"4"，将舵机角度参数"90"分别更改成"20""56""82""118"和"142"；完成下面的编程，如图23-16所示。

第五步：从左边的"执行模块"选项中，找到 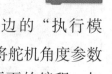，将引脚编号改成"4"，将舵机角度参数更改成"0"；从"端口"选项中，找到 设置引脚# 3▼ 模拟输出 255 ，将模拟输出参数"255"更改成"0"；完成下面的编程，如图23-17所示。

第六步：上传测试。

完成编程，并上传程序。当按下按键时，幸运转盘开始转动，同时指示灯闪动；转盘自动停止时，指示灯常亮。

项目 23 幸运转盘

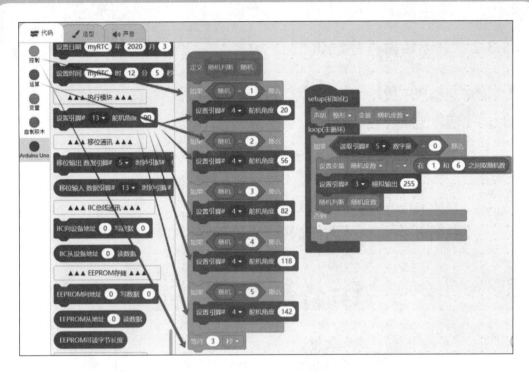

图 23-16 舵机设置程序

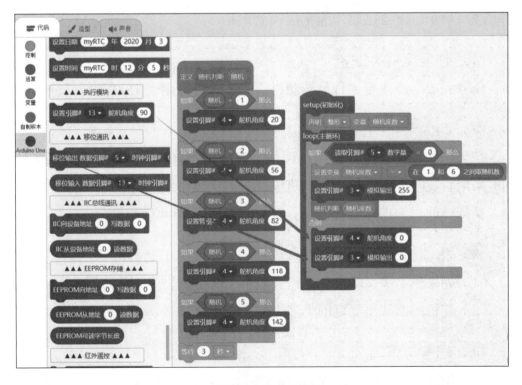

图 23-17 程序

23.3.3 幸运转盘程序调试

图形化编程不成功的几个现象如下。

（1）程序上传失败。

程序存在逻辑错误或者使用了多个主程序模块，重新修改程序，直到正确为止。

（2）程序上传成功后，没有达到设计效果。

检查数字引脚接口或程序引脚设置是否错误，本项目用程序测试。

任务 23.4 总结及评价

自主评价式的展示。说一说制作幸运转盘的全过程，请同学们介绍所用每个电子元器件的功能，电子 CAD 使用方法和步骤，每条指令的作用和使用方法。展示一下自己制作的幸运转盘作品。

1．任务完成大调查

任务完成后，还要进行总结和讨论，教学时可用表 15-3 进行打分。

2．行为考核指标

行为考核指标，主要采用批评与自我批评、自育与互育相结合的方法。同时采用自我考核和小组考核，班级评定方法。班级每周进行一次民主生活会，就自己的行为指标进行评议，教学时可用表 15-4 进行评分。

3．集体讨论题

（1）如果想给幸运转盘加上声音效果，需要增加什么传感器？

（2）舵机的摆动角度范围是多少？

4．思考与练习

（1）怎样编写通过按键控制舵机转动随机角度的程序？

（2）舵机的电压是多少？

项目24 摩 天 轮

　　摩天轮是一种大型转轮状的机械建筑设施,主要靠电机转动带动轮盘的转动,轮盘上挂着座舱供乘客乘坐,乘客坐在摩天轮的座舱里慢慢地往上转,可以从高处俯瞰四周景色。很多城市都有摩天轮,给人的感觉是有趣而浪漫。最常见的摩天轮一般出现在游乐园(或主题公园)与园游会里,作为一种游乐场机动游戏,与云霄飞车、旋转木马合称为"乐园三宝"。

　　随着科技的发展,人工智能慢慢进入我们的生活,编程激起了越来越多人的学习兴趣。本项目完成摩天轮的拼装,编程实现:①摩天轮持续转动;②红色LED灯实现呼吸效果。

任务 24.1　摩天轮机械设计及制作

根据运作机构的差异，摩天轮可分为重力式摩天轮（Ferris Wheel）、无辐式摩天轮和观景摩天轮（Observation Wheel）三种。重力式摩天轮的座舱是挂在轮上，以重力维持滑轴水平；而观景摩天轮上的座舱则是悬在轮的外面，需要较复杂的连杆类机械结构，随着车厢绕转的位置来同步调整其保持水平。

摩天轮通常由电气设备、特种设备和装置组成，如图 24-1 所示。摩天轮包括机械和电气控制两部分。摩天轮的工作原理是用电动机驱动，通过减速机减速，把高转速低扭矩的机械动力转为高扭矩低转速的机械动力，一般是通过轮胎等既有弹性又有一定强度的中间机构来完成这个任务。

图 24-1　摩天轮

本项目完成摩天轮的拼装并编程，实现摩天轮持续转动以及指示灯呼吸效果亮灭。

24.1.1　机械零部件选择

摩天轮的机械部分分为底座、立柱、转盘和座舱四部分，座舱上有座椅，座舱可以前后摆动，当摩天轮慢慢转动时，座舱慢慢摆动，让人感觉很舒服。

① . 立柱

现有的摩天轮通常采用多根支撑立柱，连接支撑在摩天轮的中心轴上，并且在多根支撑立柱之间需要连接若干根横梁，用以固定多根支撑立柱，起到支撑固定摩天轮的作用，但是这种多根立柱的建造方式所需要的变化，无序的分布，影响整个摩天轮的整体美观性。

② . 座舱

座舱设计主要以安全舒服为主，设计有门和座椅，四周都是透明玻璃，便于观察周围美景。

③ . 电气设备

电气设备由电机、电气控制系统、控制线路等组成。电机主要使用低速电机，要求力矩大，转动稳定。

24.1.2　摩天轮机械 CAD 组装图设计

用 CAD 设计摩天轮系统时，先要进行系统总设计，再进行零部件设计，总设计时要全面考虑机械和电子控制系统的位置和安装。

① . 系统总设计

系统总设计时，对于机械部分要考虑机械整体尺寸、部件形状、机械加工精度和加工方法；另外还要考虑电器部件的大小、放置位置等，下面细述设计步骤。

第一步：把需要的电器模块按 1∶1 的比例在图纸上画出，如图 24-2

所示。

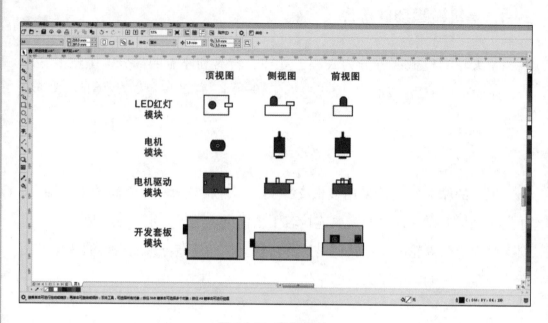

图 24-2 电器模块

第二步：根据电器件尺寸及样品需求设计对应的尺寸及电器件位置关系，如图 24-3 所示。

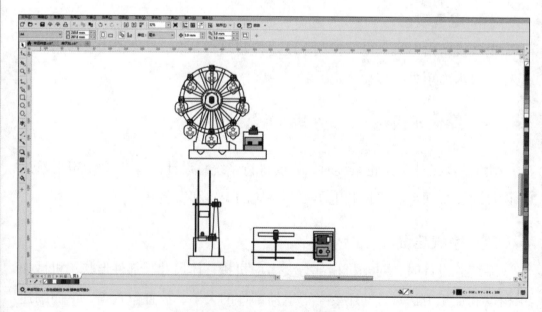

图 24-3 电器件尺寸及位置关系

第三步：根据第二步的视图做外壳展开设计，如图 24-4 所示。

项目 24　摩天轮

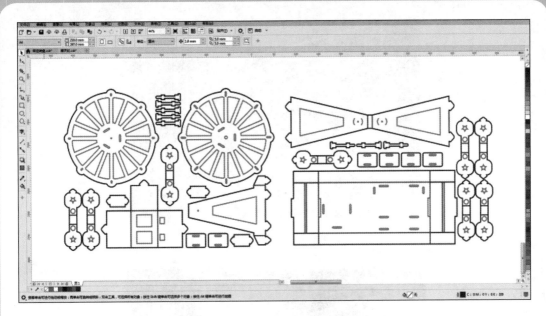

图 24-4　外壳展开设计图

2. 部件设计

系统中各部件要分别设计加工图纸，图纸设计好后，再送加工厂加工，下面以图 24-4 中的摩天轮侧板为例，介绍设计时机械 CAD 软件的使用方法，同时练习多段线、偏移、镜像等知识点。

（1）打开机械 CAD 软件，右击"极轴"，在出现的快捷菜单中选择"设置"，在打开的对话框中的"增量角度"选择下拉列表中的"15"，单击"确定"按钮。

（2）使用"多段线"命令，在绘图区任意点单击，作为起点，将鼠标指针移动到正下方并输入"60"，当鼠标指针移动到 15° 时会出现绿色的提示线，输入"80"，再将鼠标指针移动到正上方并输入"20"，单击起点将图形闭合。

（3）使用"直线"命令，如图 24-5 所示，绘制一条长度为 6 的辅助线。

（4）使用"镜像"命令，选择所绘制图形为镜像对象，单击直线右侧端点和正下方任意一点作为镜像线，不删除源对象，如图 24-6 所示。

（5）按 Delete 键删除多余线段。

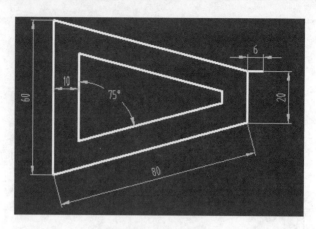

图 24-5 多段线

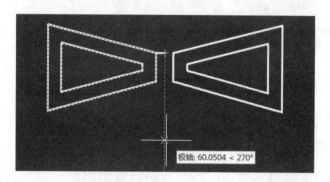

图 24-6 镜像

24.1.3 机械件组装调试

进行总体设计后,将图纸交给生产厂家生产,本项目用 2mm 厚的瓦楞纸进行制作。由于篇幅有限,拼装制作步骤请参看随材料包一起的拼装指导书。最终摩天轮成品如图 24-7 所示。

图 24-7 摩天轮成品

任务 24.2　摩天轮控制电路设计及制作

制作摩天轮时，要进行系统的总体原理框图设计、硬件电路设计和软件程序设计。实验结果表明，本智能摩天轮符合设计要求。

24.2.1　电子元器件选择

制作一个摩天轮，在电气控制方面要用到微型计算机控制板、直流电机控制模块、直流电机，本项目新增电气设备为直流电机控制小模块，下面详述。

直流电机如图 24-8 所示。直流电机原理在前面项目中已介绍，本项目不再重述。本项目使用的电机功率较大。

图 24-8　直流电机

摩天轮微机控制电路主要由 DC 电源电路、微机控制电路、驱动输出电路组成。

24.2.2　摩天轮电子 CAD 原理图设计

打开 CAD 软件，在主界面中可放置各种器件。本项目分别放置芯片 ATmega328P-PN、直流电机、指示灯、+5V 电源、GND 各器件。器件放置完毕后，再放置导线，保存文件，命名为5x10，设计后的原理图如图24-9所示。

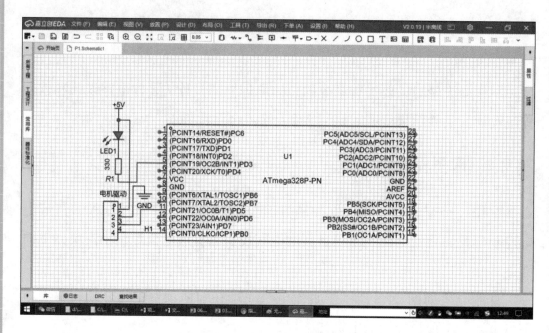

图24-9 摩天轮电路图

24.2.3 摩天轮硬件连接及调试

本项目购买已经做好的小模块，如图24-10所示，直流电机驱动模块、指示灯模块，可直接连线，即插即用。

图24-10 各模块

1. 硬件连线

指示灯模块正脚"+"连接到主板数字标号3处。直流电机驱动模块接线方法如表24-1所示。

项目 24 摩天轮

表 24-1 直流电机驱动模块接线方法

直流电机驱动模块标注	主板标注	功能
GND	−	电源负极
VCC	+	电源正极
PWM	5	PWM 表示速度控制信号
DIR	8	DIR 表示方向控制信号

将连接方法汇总到表 24-2，按表连线，该表既便于连线又便于以后编程查询。接好线的电气控制系统如图 24-11 所示。

表 24-2 接线方法汇总

模块	引脚名	功能	主板数字标号
电机驱动	控制信号 PWM	转动	5
	控制信号 DIR		8
指示灯	+	点亮	3
	−		

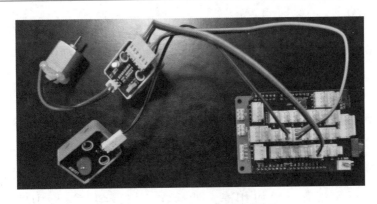

图 24-11 摩天轮硬件连线图

2. 硬件调试

制作好电路后，要对电路进行检查，本项目通过编写程序测试。

任务 24.3 摩天轮编程控制

设计好电路图和用电子元器件制作好电路后，测试也没有问题，下一步就进行编程控制，在编程之前要对指令进行了解。

24.3.1 指令介绍

现在是用"创启迪"编写程序,创启迪用的是 Arduino 集成开发环境,下面具体介绍程序的编写方法。本项目用到的指令与上一项相同。

编写如图 24-12 所示的程序,测试电机使用方法。

图 24-12 测试程序

程序运行后观察电机转动情况:①当 200 前面不加"-"时,电机转动方向是(   );②当 200 前面加"-",改为-200 时,电机转动方向是(   );③当将 200 增大,改为 300 时,电机转速是(   );④当将 200 减小,改为 100 时,电机转速是(   );⑤当将 200 改为 0 时,电机转速是(   )。

24.3.2 摩天轮图形化编程

打开"创启迪"软件,完成前一课中所学的加载扩展 Arduino UNO 库,并用 USB 线将主板和计算机相连,然后在连接设备复选框中选择主板并连接。之后将左侧指令区拖曳到脚本区。编程实现摩天轮的电机转动,并实现指示灯呼吸效果。当电机顺时针旋转时,转速为 50,红色灯光逐渐变亮,然后逐渐变暗。

第一步:打开"图形化编程"软件,单击左下角"扩展",在"Arduino 主控板"选项下添加"Arduino UNO 主控板"。

第二步:从左边的"Arduino UNO"选项中,找到 ;从"变量"

项目 24 摩天轮

选项中,创建"亮度"变量,找到 ；从"直流电机驱动"选项中,找到 ，将速度参数"200"调整为"50";编程如图 24-13 所示。

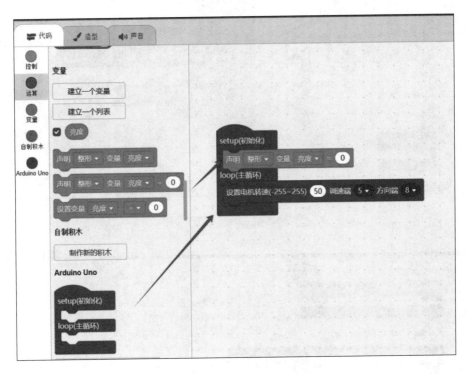

图 24-13 直流电机程序

第三步:从左边的"控制"选项中,找到 ，将参数"10"改成"255";从"变量"选项中,找到 和 ；从"运算"选项中,找到 完成下面的编程,如图 24-14 所示。

第四步:从"端口输入/输出"选项中,找到 ；从"控制"选项中,找到 ，再将里面的参数调整为"10 毫秒";从左边的"变量"选项中,找到 ；编程如图 24-15 所示。

第五步:重复第三步和第四步,完成灯光逐渐变暗的编程,如图 24-16 所示。

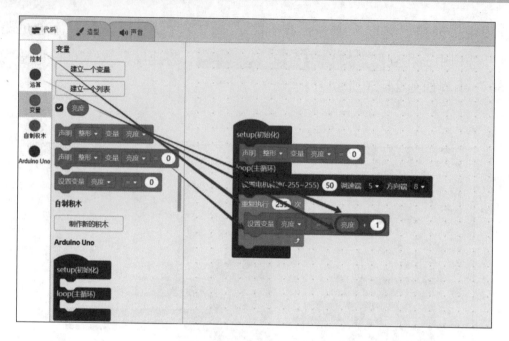

图 24-14 参数设定程序

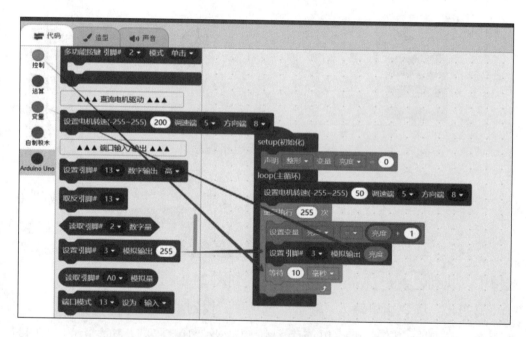

图 24-15 指示灯亮暗变化程序

第六步：上传测试。

连接计算机并上传程序，进行测试，观察摩天轮的电机转动，指示灯实现呼吸效果。

项目 24　摩天轮

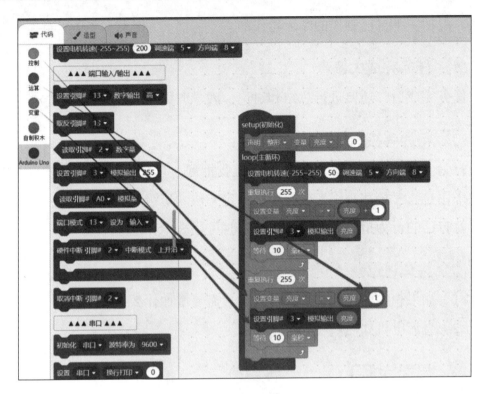

图 24-16　程序

24.3.3　摩天轮程序调试

图形化编程不成功的几个现象如下。

（1）程序上传失败。

程序存在逻辑错误或者使用了多个主程序模块，重新修改程序。

（2）程序上传成功后，没有达到设计效果。

检查数字引脚接口或程序引脚设置是否错误，本项目用程序测试。

任务 24.4　总结及评价

自主评价式的展示。说一说制作摩天轮的全过程，请同学们介绍所用每个电子元器件的功能，电子 CAD 使用方法和步骤，每条指令的作用和使用方法。展示一下自己制作的摩天轮作品。

1. 任务完成大调查

任务完成后，还要进行总结和讨论，教学时可用表 15-3 进行打分。

2. 行为考核指标

行为考核指标，主要采用批评与自我批评、自育与互育相结合的方法。同时采用自我考核和小组考核，班级评定方法。班级每周进行一次民主生活会，就自己的行为指标进行评议，教学时可用表 15-4 进行评分。

3. 集体讨论题

（1）如果想给摩天轮加上声音效果，需要增加什么传感器？

（2）直流电机如何启动和停止？

4. 思考与练习

（1）如何编写使指示灯实现呼吸效果的程序？

（2）电机的电压是多少？

项目 25 交 通 灯

交通灯是指挥交通运行的信号灯，一般由红灯、绿灯、黄灯组成。红灯表示禁止通行，绿灯表示准许通行，黄灯表示警示。交通灯分为机动车信号灯、非机动车信号灯、人行横道信号灯、方向指示灯（箭头信号灯）、车道信号灯、闪光警告信号灯、道路与铁路平面交叉道口信号灯。

随着科技的发展，人工智能慢慢进入我们的生活，编程激起了越来越多人的学习兴趣。本项目完成交通灯的拼装，通过编程实现模拟红绿灯的运行规则。

任务 25.1　交通灯机械设计及制作

LED 交通信号灯由太阳能电池板、蓄电池组、控制系统、LED 显示组件和灯杆五部分组成，如图 25-1 所示。控制器分别与蓄电池组、信号机及太阳能电池板连接。信号机与发射机相连，发射机发送无线信号，并由接收机接收信号。接收机与信号灯组连接，控制信号灯组的工作。控制器位于灯杆的内部。蓄电池组采用地埋方式置于地下，经控制器对信号灯组、信号机、发射机、接收机进行放电。信号机与发射机置于信号机舱内部，接收机置于信号灯组内。信号灯组内采用 LED 灯作为光源。信号机的微处理器为 32 位 ARM 微处理器。

图 25-1　交通灯

LED 交通信号灯表面上表现出来的只有灯杆和显示屏，其实里面蕴含很多高科技产品，同时也反映出行业的进步水平，随着行业的发展，产品也在不断改进，越来越智能。

25.1.1　机械零部件选择

交通灯控制系统通常由三部分组成，分别为控制器、信号灯和控设备。

1. 控制器

控制器是交通灯控制系统的核心,控制系统的工作依赖控制器的程序控制。控制器将执行特定的计时程序,根据预设的时间和车辆流量信息智能控制信号灯的启停和变换。

2. 信号灯

信号灯是交通灯控制系统的显著组成部分,交通灯常分为红色、黄色和绿色三种颜色,不同颜色代表不同的状态,即停止、注意和行驶。信号灯的制造应符合国家规定,并进行质量检测。

3. 控制设备

控制设备包括交通信号灯控制器、车辆或行人接收器、信号灯常数控制器、消息显示器等,它们负责交通控制系统的具体实现。

25.1.2 交通灯机械 CAD 组装图设计

用 CAD 设计交通灯系统时,先要进行系统总设计,再进行零部件设计,总设计时要全面考虑机械和电子控制系统的位置和安装。

1. 系统总设计

系统机械部分总设计时要考虑机械整体尺寸、部件形状、机械加工精度和加工方法;另外还要考虑电器部件的大小、放置位置等,下面细述设计步骤。

第一步:把需要的电器模块按 1∶1 的比例在图纸上画出,如图 25-2 所示。

第二步:根据电器件尺寸及样品需求设计对应的尺寸及电器件位置关系,如图 25-3 所示。

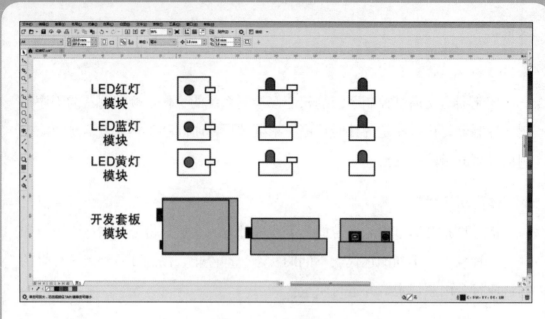

图 25-2 电器模块

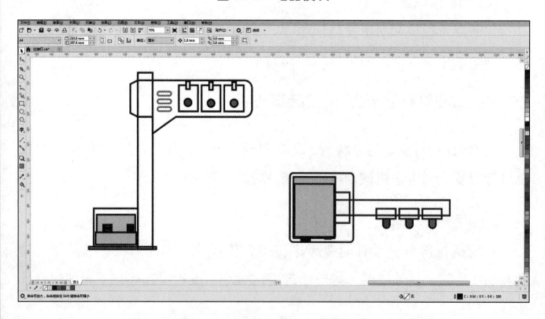

图 25-3 电器件尺寸及位置关系

第三步：根据第二步的视图做外壳展开设计，如图 25-4 所示。

2. 部件设计

系统中各部件要分别设计加工图纸，图纸设计好后，再送加工厂加工，下面以图 25-4 中的交通灯部件为例，介绍设计时机械 CAD 软件的使用方法，同时练习矩形、偏移等知识点。

项目 25　交通灯

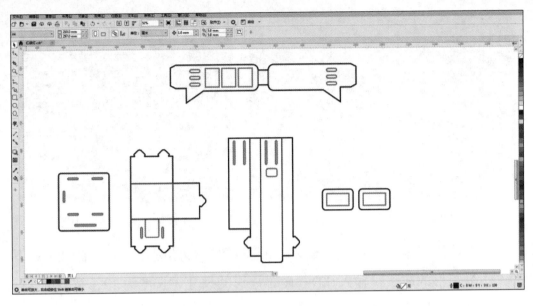

图 25-4　外壳展开设计图

（1）打开机械 CAD 软件，使用"矩形"命令，绘制一个长度为 80，宽度为 25，倒角为 5 的矩形。

（2）右击"极轴"，在出现的快捷菜单中选择"设置"，在打开的对话框中的"增量角度"选择下拉列表中的"10"。

（3）使用"直线"命令，从矩形的左下角向右追踪 10，向下绘制一条长度为 12 的线段，沿极轴 40°方向找到与矩形下边直线的交点处，单击。使用"修剪"命令删除多余的线条，如图 25-5 所示。

（4）使用"分解"命令将矩形分解成独立的线段。使用"偏移"命令，将矩形左边的直线向右偏移 17，作为定位的辅助线。

（5）使用"矩形"命令，输入"C"将之前设置过的倒角值修改为 0，再输入"F"设置矩形的圆角为 1，将辅助线的下端点作为矩形的起点，输入"D"设置矩形的尺寸，长度为 10，宽度为 3。

（6）使用"复制"命令，选择小矩形，鼠标指针向正上方移动，输入 6，即可复制一个矩形。继续输入 12，再复制一个矩形，如图 25-6 所示。

（7）使用"偏移"命令，将大矩形左边的直线向右偏移 33，作为定位的辅助线。

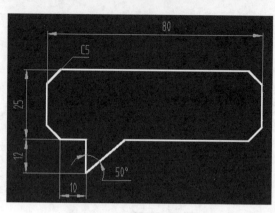
图 25-5 带倒角的矩形

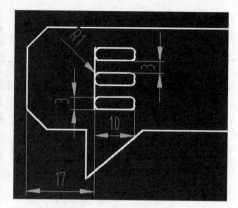
图 25-6 带圆角的矩形

（8）使用"矩形"命令，输入"F"设置矩形的圆角为0，辅助线的下端点作为矩形的起点，输入"D"设置矩形的尺寸，长度为12，宽度为15。参照上方所讲的，复制另外两个矩形，如图25-7所示。

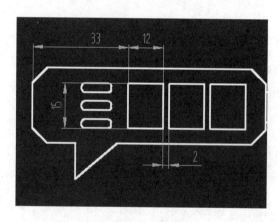
图 25-7 矩形

（9）使用"矩形"命令，捕捉大矩形右下端点并向上追踪2.5，确定起点，绘制一个长度为10，宽度为10的矩形。

（10）使用"镜像"命令，选择左边对象，以小矩形的上下中点作为镜像线进行镜像，最终效果如图25-8所示。

25.1.3 机械件组装调试

进行总体设计后，将图纸交给生产厂家生产，本项目用2mm厚的瓦楞纸进行制作。由于篇幅有限，拼装制作步骤请参看随材料包一起的拼装指导书。最终交通灯成品如图 24-9 所示。

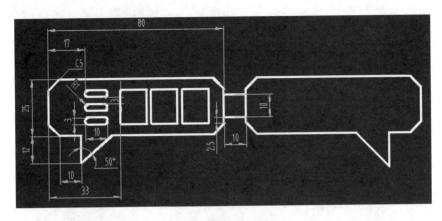

图 25-8　镜像

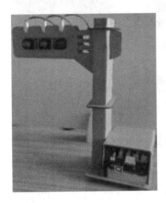
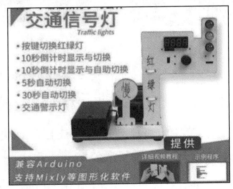

图 25-9　交通灯成品

任务 25.2　交通灯控制电路设计及制作

交通灯实现了十字路口的红色灯、黄色灯、绿色灯有序控制，保证了交通安全。文中分别对智能交通灯的系统总体原理框图设计、硬件电路设计、软件程序设计进行介绍，实验结果表明，本智能交通灯实现了人机交互，使用稳定可靠。

25.2.1　电子元器件选择

交通灯控制系统通常可以分为两类，分别为静态交通灯系统和动态交通灯系统。静态交通灯系统指根据历史车流量和固定的时间长度进行信号灯的控制。动态交通灯系统是根据实时的道路车流量数据智能控制信号灯的启停和变换。下面详述静态交通灯系统。

　　LED 模块如图 25-10 所示。直流电机原理在前面项目中已介绍，本项目不再重述。本项目使用的电机功率较大。

图 25-10　LED 模块

　　LED 模块是一个简单的发光模块，根据 LED 灯的颜色可将 LED 模块分为红色、绿色、黄色 LED 模块等。LED 模块目前已广泛应用于 LED 显示屏、指示灯、交通灯、汽车灯、照明灯、装饰灯等。

　　LED 模块既可以点亮，也可以调节亮度，并且能和各种输出模块联动，实现各种功能。

　　交通灯微机控制电路主要由 DC 电源电路、微机控制电路、驱动输出电路组成。

25.2.2　交通灯电子 CAD 原理图设计

　　打开 CAD 软件，在主界面中可放置各种器件。器件放置完毕后，再放置导线，保存文件，命名为 5x11，设计后的原理图如图 25-11 所示。

　　本项目分别放置 ATmega328P-PN、6 个 LED1、6 个 220Ω 电阻、+5V 电源、GND 各器件，如图 25-11 所示。交通灯放置在 4 个路口，对于控制来说，同一个方向的两个路口的灯是一样的控制，所以只用一个路口的灯即可，因此模拟时只用 3 个灯模拟，另外一个方向的控制是一样的。

项目 25 交通灯

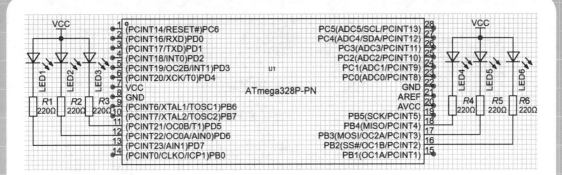

图 25-11 交通灯电路图

25.2.3 交通灯电路制作调试

本项目购买已经做好的小模块，如图 25-12 所示，电气控制系统包括开发 Arduino 主板，黄、绿、红 3 个 LED 小模块，绿指示灯连接主板标号 3 处，红指示灯连接主板标号 6 处，黄指示灯连接主板标号 5 处。

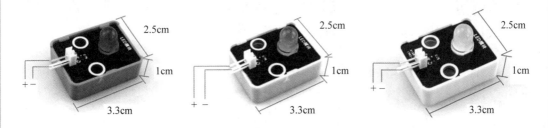

图 25-12 实物黄、绿、红指示灯

硬件连接汇总如表 25-1 所示，按表连线，该表既便于连线又便于以后编程查询。接好线的电气控制系统如图 25-13 所示。

表 25-1 接线汇总

模　　块	引　脚　名	功　　能	主板数字标号
绿指示灯	+	点亮	3
	−		
红指示灯	+	点亮	6
	−		
黄指示灯	+	点亮	5
	−		

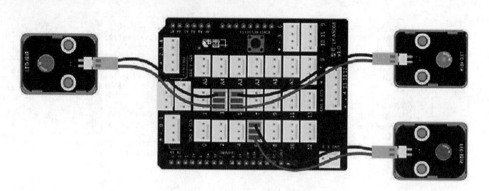

图 25-13　交通灯硬件接线图

制作好电路后，要对电路进行检查。检查方法有多种，一种是用测试软件测试，这是必须进行的步骤，所有自动化设备都有开机自检程序，也就是开机自动测试系统；另一种是手动测试，这也是常用方法，在自动测试有问题时，要进行故障排除，一般用万用表一个一个器件地检查测试。在器件检查无误后再进行电路检查测试，一般方法是在关键点注入电压，有时用高电平，有时用低电平，具体要看电路的连接方法，若是灌电流，单片机系统测试一般用低电平，以免烧坏芯片。

任务 25.3　交通灯编程控制

设计好电路图和用电子元器件制作好电路后，测试也没有问题，下一步就进行编程控制，在编程之前要对指令进行了解。

25.3.1　指令介绍

现在是用 Mind+ 编写程序，Mind+ 用的是 Arduino 集成开发环境，下面具体介绍程序的编写方法。首先介绍本项目用到的新指令如表 25-2 所示。

表 25-2　图形化指令

所属模块	指　　令	功　　能
Arduino	设置引脚# 3 ▼ 模拟输出 255	设置引脚输出指令

25.3.2 交通灯图形化编程

打开 Mind+，完成前一课中所学的加载扩展 Arduino UNO 库，并用 USB 线将主板和计算机相连，然后在连接设备复选框中选择主板并连接，之后将左侧指令区拖曳到脚本区。编程实现交通灯的红灯亮 3s、黄灯亮 1s，绿灯亮 3s，反复循环。

第一步：打开"图形化编程"软件，单击左下角"扩展"，在"Arduino 主控板"选项下添加"Arduino UNO 主控板"。

第二步：从左边的"Arduino UNO"选项中，找到 ；从"端口输入/输出"选项中，找到 ，将引脚编号分别设置为"3""5""6"，模拟输出的参数分别设置为"255""0""0"；从"控制"选项中，找到 ，将参数"1"更改成"3"；编程如图 25-14 所示。

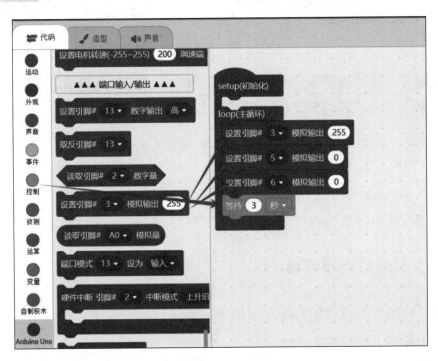

图 25-14 绿灯程序

第三步：从"端口输入/输出"选项中，找到 [设置引脚# 3▼ 模拟输出 255]，将引脚编号分别设置为"3""5""6"，模拟输出参数分别设置为"0""255""0"；从"控制"选项中，找到 [等待 1 秒▼]，将参数更改成"1"；编程如图 25-15 所示。

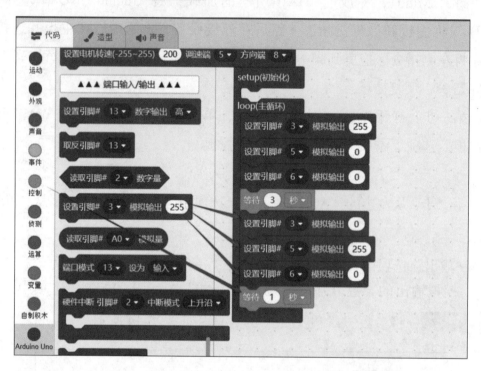

图 25-15 黄灯程序

第四步：从"端口输入/输出"选项中，找到 [设置引脚# 3▼ 模拟输出 255]，将引脚编号分别设置为"3""5""6"，模拟输出参数分别设置为"0""0""255"；从"控制"选项中，找到 [等待 1 秒]，将参数"1"更改成"3"；编程如图 25-16 所示。

第五步：上传测试。

连接计算机并上传程序，进行测试，观察交通灯按设计要求亮灭。

25.3.3 交通灯程序调试

图形化编程不成功的几个现象如下。

（1）程序上传失败。

程序存在逻辑错误或者使用了多个主程序模块。

项目 25　交通灯

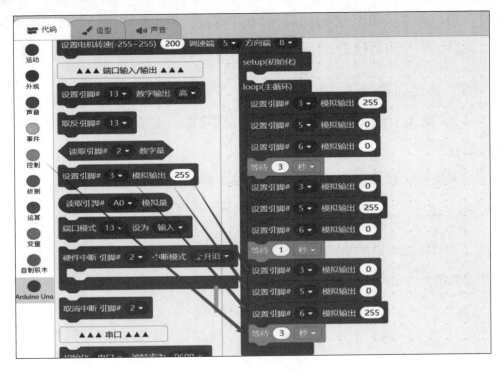

图 25-16　红灯程序

（2）程序上传成功后，没有达到设计效果。

检查数字引脚接口或程序引脚设置是否错误。本项目用程序测试。

任务 25.4　总结及评价

自主评价式的展示。说一说制作交通灯的全过程，请同学们介绍所用每个电子元器件的功能，电子 CAD 使用方法和步骤，每条指令的作用和使用方法。展示一下自己制作的交通灯作品。

. 任务完成大调查

任务完成后，还要进行总结和讨论，教学时可用表 15-3 进行打分。

. 行为考核指标

行为考核指标，主要采用批评与自我批评、自育与互育相结合的方法。

同时采用自我考核和小组考核,班级评定方法。班级每周进行一次民主生活会,就自己的行为指标进行评议,教学时可用表15-4进行评分。

3. 集体讨论题

(1)如果想让智慧交通灯加上语音提醒功能,需要增加什么设备,应该如何编程?

(2)要能让智慧交通灯颜色持续切换,必须用到哪个积木?

4. 思考与练习

(1)怎样按设定的交通灯的运行规则编程?

(2)加一个左转灯后,如何编程?

项目 26　游　缆　车

　　游缆车,是一种经常在旅游区的崎岖山坡上用于运载乘客和货物上下山的工具。在旅游时,当要到达高高的山顶或者从高空浏览美景时,缆车成为非常重要的交通工具,缆车不仅能帮助游客到达目的地,也能欣赏风景,还能起到运输货物等作用。

　　随着科技的发展,人工智能慢慢进入我们的生活,编程激起了越来越多人的学习兴趣。本项目完成:①游缆车的拼装;②编程实现通过按键打开和关上缆车门;③编程实现缆车门开时,红灯亮;缆车门关时,红灯灭。

任务 26.1　游缆车机械设计及制作

游缆车通常由电气设备、特种设备和装置组成，如图 26-1 所示。游缆车包括机械和电气控制两部分。游缆车的工作原理是用电动机通过减速机减速，把高转速低扭矩的机械动力转为高扭矩低转速，一般是通过齿轮盘，使其低速转动。

图 26-1　游缆车

26.1.1　机械零部件选择

缆车主要由轨道、牵引索道、支架、车厢和动力系统组成。轨道为索道提供支撑，通常采用钢轨或混凝土轨；牵引索道为车厢提供动力，由钢丝绳和滑轮组成；支架用于支撑和稳定索道系统；车厢用于载人，有封闭式和开放式两种类型；动力系统为索道提供动力源，通常采用电动绞车或柴油发动机。

车厢是缆车的主要部件，它由车厢本体、车厢门、车厢底板等组成。车厢本体由车厢外壳、车厢内部装饰等组成。车厢门由车厢门本体、车厢门锁、车厢门控制系统等组成。车厢底板由车厢底板本体、车厢底板支架等组成。

缆车的悬挂系统由滑轮、滑轮架、悬挂索、悬挂索夹、悬挂索支架等组成，其中滑轮架是悬挂系统的核心部件，它由滑轮、滑轮架、悬挂索夹等组成。滑轮架的作用是将悬挂索夹固定在滑轮上，悬挂索夹的作用是将悬挂索固定在滑轮架上，悬挂索支架的作用是将悬挂索固定在车厢上，悬挂索的作用是将车厢悬挂在缆索上。

缆索由钢丝绳、钢丝绳夹、钢丝绳支架等组成；电动机由电动机本体、电动机控制系统等组成；控制系统由控制器、控制系统接口等组成。

缆车的运动过程包括启动、运行和停止三个阶段。启动时，动力系统驱动牵引索道，使车厢在轨道上滑动。运行过程中，车厢依靠惯性在轨道上滑行，速度逐渐增加。到达终点时，车厢逐渐减速，最后停止。在运行过程中，安全制动系统起着重要的安全保障作用。

26.1.2 游缆车机械 CAD 组装图设计

用 CAD 设计游缆车系统时，先要进行系统总设计，再进行零部件设计，总设计时要全面考虑机械和电子控制系统的位置和安装。

1. 系统总设计

系统机械部分总设计时要考虑机械整体尺寸、部件形状、机械加工精度和加工方法；另外还要考虑电器部件的大小、放置位置等，下面细述设计步骤。

第一步：把需要的电器模块按 1∶1 的比例在图纸上画出，如图 26-2 所示。

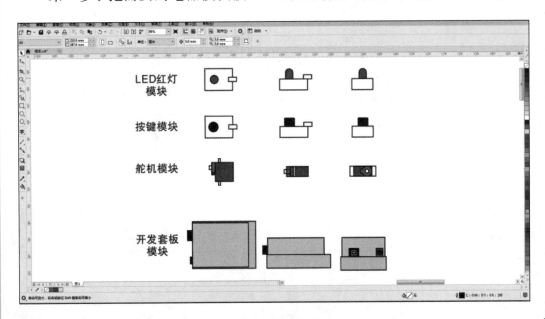

图 26-2　电器模块

第二步：根据电器件尺寸及样品需求设计对应的尺寸及电器件位置关系，如图26-3所示。

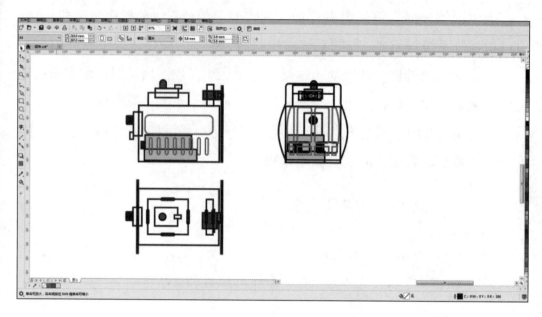

图 26-3　电器件尺寸及位置关系

第三步：根据第二步的视图做外壳展开设计，如图26-4所示。

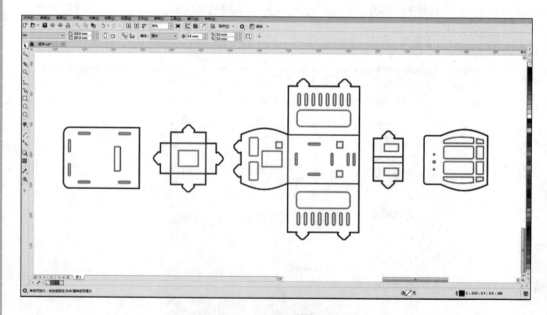

图 26-4　外壳展开设计图

2. 部件设计

系统中各部件要分别设计加工图纸，图纸设计好后，再送加工厂加工，下面以图 26-4 中的圆弧为例，介绍设计时机械 CAD 软件的使用方法，同时练习圆弧、偏移、镜像、修剪等知识点。

（1）打开机械 CAD 软件，使用"直线"命令，在绘图区任意一点单击，确定直线的起点，鼠标指针向下，输入长度 35，鼠标指针向右，输入长度 20。

（2）使用"偏移"命令，将垂直的直线向右分别偏移 25，41，4，10，5，如图 26-5 所示。

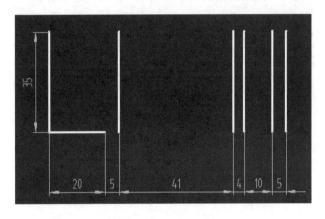

图 26-5　偏移竖线

（3）在"绘图"菜单下选择"圆弧"中的"起点、端点、半径"命令，确定起点和端点，半径为 66，如图 26-6 所示。

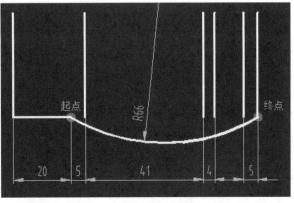

图 26-6　圆弧

（4）使用"偏移"命令，将圆弧向上偏移5。

（5）使用"直线"命令，连接所绘图的上边两个端点。

（6）使用"偏移"命令，将最上方的直线向下分别偏移2，17，4，如图26-7所示。

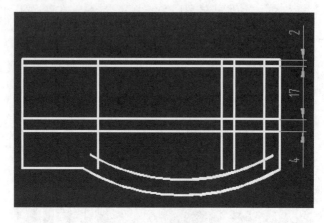

图26-7 偏移横线

（7）使用"修剪"命令，按空格键将所有边作为修剪边，按住Shift键，同时单击直线，可将没有连接的两条直线延伸到交点，且删除多余的线段，如图26-8所示。

（8）使用"镜像"命令，将下方对象镜像到上方，删除多余的线段，最终效果如图26-9所示。

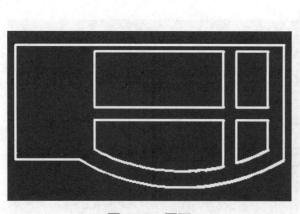

图26-8 圆弧

图26-9 最终效果

26.1.3 机械件组装调试

进行总体设计后，将图纸交给生产厂家生产，本项目用 2mm 厚的瓦楞纸进行制作。由于篇幅有限，拼装制作步骤请参看随材料包一起的拼装指导书。最终游缆车成品如图 26-10 所示。

图 26-10 游缆车成品

任务 26.2 游缆车控制电路设计及制作

下面分别对智能游缆车的系统总体原理框图设计、硬件电路设计、软件程序设计进行介绍，实验结果表明，本智能游缆车实现了人机交互，控制稳定可靠。

26.2.1 电子元器件选择

智能游缆车的电气控制系统，包括舵机、按键小模块、指示灯小模块、Arduino 主板及套件，这些都是比较熟悉的模块，不再进行介绍。

26.2.2 游缆车电子 CAD 原理图设计

原理图设计是根据应用功能需要，选择购买器件，将器件用导线连接成控制电路，组成一个实用的产品，将这些电路用专用电气符号在计算机中制作出图纸，便于生产、维修和存档。图纸可以人工制作，也可以用计算机制作，现在全部用计算机制作，其制作过程是：先在专用软件中画出原理图，再用打印机打印出图纸。按照项目 23 的制图方法，制出电路图如图 26-11 所示。

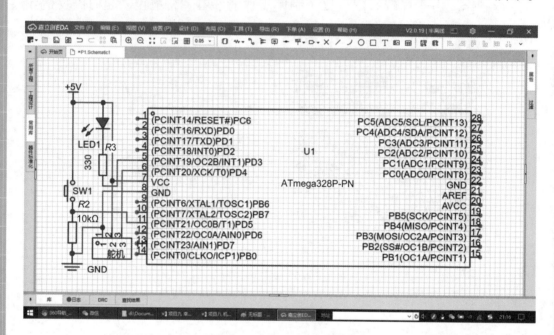

图 26-11　游缆车电路图

26.2.3　游缆车硬件制作及调试

设计好原理图后，一般要同时设计好印制电路板（PCB），做 PCB 需要专门的厂家，但价格较高。本项目购买已经做好的小模块，如图 26-12 所示。

按键模块（高电平）

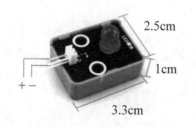

图 26-12　各模块实物

1. 硬件连接

使用 Arduino 主板，接上 USB 数据线、供电，准备下载程序。先连接 3 个外设，按键小模块插座有三根线，一根信号线 S 连接到主板数字标号 5 处，一根连接 5V，另一根连接 GND。指示灯小模块的信号线连接到主板数字标号 3 处，舵机信号线连接到主板数字标号 4 处，如图 26-13 所示。

将上面的 Arduino 主板、舵机、按键和指示灯小模块连线汇总如表 26-1 所示，该表既便于连线，又便于以后编程查询。按表连接好线的电气控制系统如图 26-13 所示。

表 26-1 接线汇总

模 块	引 脚 名	功 能	主板数字标号
舵机	控制信号	转动	4
指示灯	+	点亮	3
	−		
按键	信号线 S	控制启动	5

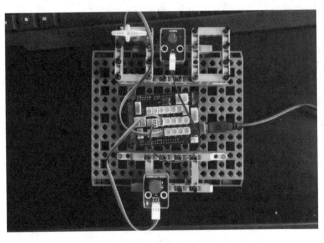

图 26-13 游缆车硬件接线图

2. 硬件调试

制作好电路后，要对电路进行检查，检查方法一般是在关键点注入电压，有时用高电平，有时用低电平，具体要看电路连接方法。若是灌电流，单片机系统测试一般用低电平，以免烧坏芯片。若 LED 一端接高电平，就用一根导线将发光二极管另一端直接接电源负极（地），若此时发光二极管亮，说明发光二极管没有问题；接着测试电阻的另一端，也就是 CPU 芯片引脚，若发光二极管亮，说明硬件没有问题。若是拉电流，如图 26-12 所示，就用低电平注入法，即用一根导线一端接触电源负极，另一端接触数字标号 3 处，此时指示灯亮，说明电路正常。

任务 26.3　游缆车编程控制

设计好电路图和用电子元器件制作好电路后，测试也没有问题，下一步就进行编程控制，在编程之前要对指令进行了解。

26.3.1　指令介绍

现在是用 Mind+ 编写程序，Mind+ 用的是 Arduino 集成开发环境，下面具体介绍程序的编写方法。本项目没有新增指令。

26.3.2　游缆车图形化编程

打开 Mind+，完成前一课中所学的加载扩展 Arduino UNO 库，并用 USB 线将主板和计算机相连，然后在连接设备复选框中选择主板并连接，之后将左侧指令区拖曳到脚本区。编程实现游缆车门的开与关：①当按键按下时，指示灯持续红灯，舵机转动角度 180°；②当按键松开时，指示灯关闭，舵机转动角度 0°（关门）。

第一步：打开"图形化编程"软件，单击左下角"扩展"，在"Arduino 主控板"选项下添加"Arduino UNO 主控板"。

第二步：从左边的"Arduino UNO"选项中，找到 ；从"串口"

和"端口"选项中,分别找到 设置 串口▼ 换行打印▼ 0 和 读取引脚# 2▼ 数字量 ,编程如图 26-14 所示。

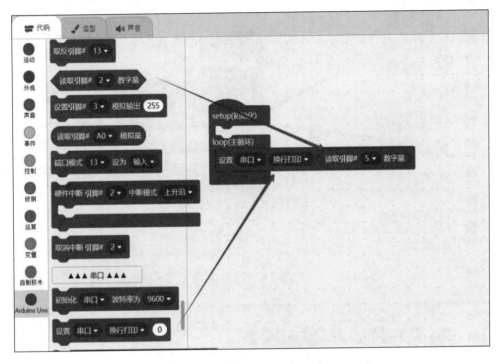

图 26-14 按键程序

第三步:从左边的"控制"选项中,找到 ;从"运算"栏目中,找到 ⬭ = 0 ;从"端口"选项中,找到 读取引脚# 2▼ 数字量 ,将引脚编号改成"5";编程如图 26-15 所示。

第四步:从左边的"执行模块"选项中,找到 设置引脚# 13▼ 舵机角度 90 ,将引脚编号改成"4",将参数设置成"180"和"0";从"端口"选项中,找到 设置引脚# 3▼ 模拟输出 255 ;从左边的"控制"选项中,找到 等待 1 秒▼ ,将参数更改成"0.5";编程如图 26-16 所示。

第五步:从左边的"执行模块"选项中,找到 设置引脚# 13▼ 舵机角度 90 ,将引脚编号改成"4",将参数更改成"0";从"端口"选项中,找到 设置引脚# 3▼ 模拟输出 255 ,将参数更改成"0";编程如图 26-17 所示。

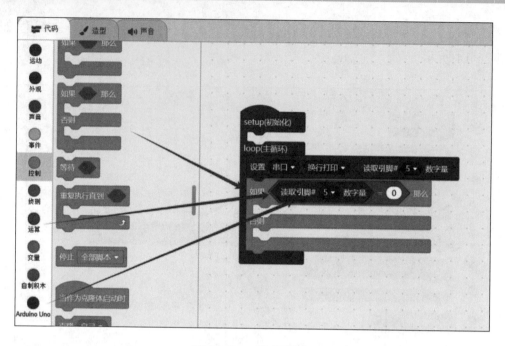

图 26-15 设置程序

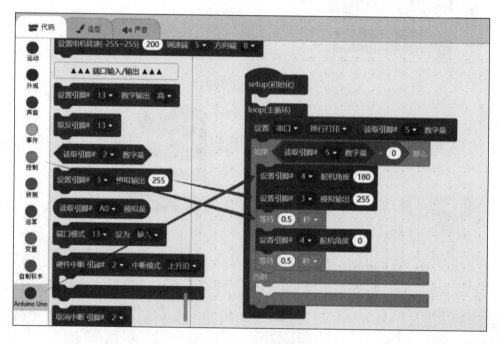

图 26-16 舵机程序

第六步：上传测试。

连接计算机并上传程序，进行测试，观察游缆车的电机转动，指示灯实现呼吸效果。

项目 26　游缆车

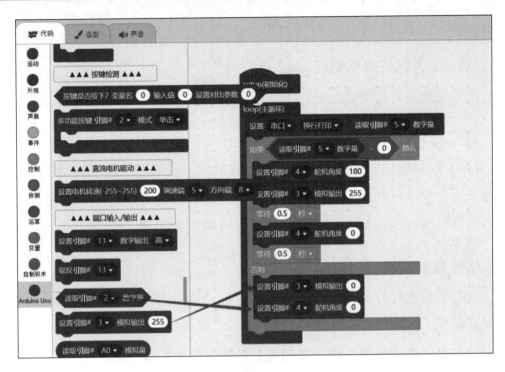

图 26-17　程序

26.3.3　游缆车程序调试

图形化编程不成功的几个现象如下。

（1）程序上传失败。

可能是程序问题，此时就要重新修改程序，直到正确为止；也可能是数据线问题，需要换根线试试。

（2）程序上传成功后，没有达到设计效果。

检查数字引脚接口或程序引脚设置是否错误。本项目用程序测试。

任务 26.4　总结及评价

自主评价式的展示。说一说制作游缆车的全过程，请同学们介绍所用每个电子元器件的功能，电子 CAD 使用方法和步骤，每条指令的作用和使用方法。展示一下自己制作的游缆车作品。

1. 任务完成大调查

任务完成后，还要进行总结和讨论，教学时可用表15-3进行打分。

2. 行为考核指标

行为考核指标，主要采用批评与自我批评、自育与互育相结合的方法。同时采用自我考核和小组考核，班级评定方法。班级每周进行一次民主生活会，就自己的行为指标进行评议，教学时可用表15-4进行评分。

3. 集体讨论题

（1）如果想让智慧游缆车加上语音提醒功能，需要增加什么设备，应该如何编程？

（2）讨论实现使用按键打开和关上游缆车门的编程思路。

4. 思考与练习

（1）怎样按设定的游缆车的运行规则编程？

（2）舵机还可以用来做哪些产品？

项目27 地 球 仪

　　地球仪，是一种用于模拟地球形状和地球上各种地理信息的模型。它通常由球体和支撑该球体的支架组成，球体表面标有经度、纬度、国界、洲界等各类信息。地球仪不仅是一种教学工具，帮助人们了解地理知识，还是一种装饰品，增添了室内空间的美感。

　　在现代社会，地球仪已经成为地理教育和科学普及的重要工具。通过地球仪，人们可以直观地了解地球的形状、大小、赤道、两极等地理信息，以及各个国家和地区的分布与位置。

　　随着科技的发展，人工智能慢慢进入我们的生活，编程激起了越来越多人的学习兴趣。本项目完成：①地球仪的拼装；②编程实现语音控制地球仪转动；③语音控制红色LED灯亮灭。

任务 27.1 地球仪机械设计及制作

地球仪通常由电气设备、特种设备和装置组成。地球仪包括机械和电气控制两部分。地球仪的工作原理是用电动机驱动，通过减速机减速，把高转速低扭矩的机械动力转为高扭矩低转速的机械动力，一般通过轮胎等既有弹性又有一定强度的中间机构完成这个任务。

地球仪的机械部分分为底座、立柱、转盘、球体四部分。球体是按地球比例缩小后的实体，现在越来越精确。

27.1.1 机械零部件选择

地球仪是一种模型，用于表示地球的形状和大小。它通常是一个正球体，这意味着它在设计时尽可能地缩小，以便表面的不规则性和差异可以被忽略。地球仪主要包括以下特征。

（1）地轴：是地球自转的假想轴，穿过地心，与地球表面相交于两极点。地轴与水平基座形成 66.5° 的角，使得地球仪在展示时总是倾斜的。

（2）赤道：是地球仪上同南北两极距离相等的大圆圈。

（3）两极：地轴同地球表面相交的两点，对着北极星的一端是地球的北极。

（4）经线和纬线。

① 经线：在地球仪上，连接南北两极的线，是等长的半圆，两条相对的经线组成一个经线圈，每个经线圈均平分地球仪，相交于极点。赤道附近的经线近似平行，而任意两条经线间的间隔由赤道向两极递减。

② 纬线：与赤道平行的圆圈，由赤道向两极缩短，纬度相同的纬线长度相等，每条纬线单独成圈，只有赤道能平分地球，纬线相互平行，任意两条纬线间隔处处相等。

这些特征使得地球仪能够有效地表示地球的形状和大小，以及地球的自

项目 27 地球仪

转和公转。尽管地球仪是一个简化模型，但它仍然是一个有用的工具，用于教育和研究地球的形状和地理特征。

27.1.2 地球仪机械 CAD 组装图设计

地球仪控制系统是根据语音控制地球仪转动和灯光亮灭功能。

1. 系统总设计

第一步：把需要的电器模块按 1∶1 的比例在图纸上画出，如图 27-1 所示。

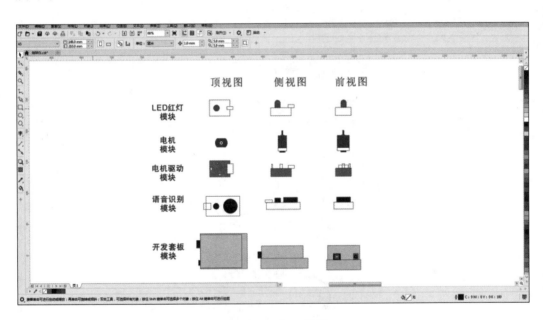

图 27-1 电器模块

第二步：根据电器件尺寸及样品需求设计对应的尺寸及电器件位置关系，如图 27-2 所示。

第三步：根据第二步的视图做外壳展开设计，如图 27-3 所示。

2. 部件设计

系统中各部件要分别设计加工图纸，图纸设计好后，再送加工厂加工，下面以图 27-3 中的圆弧板为例，介绍设计时机械 CAD 软件的使用方法，同时练习圆、矩形、修剪、复制等知识点。

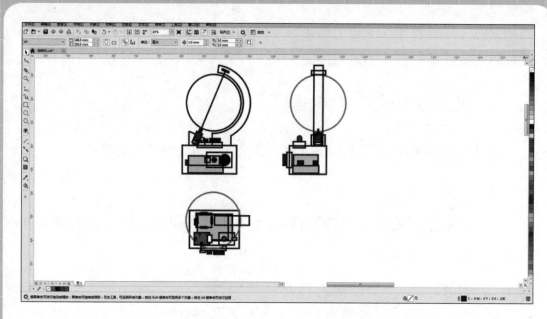

图 27-2　电器件尺寸及位置关系

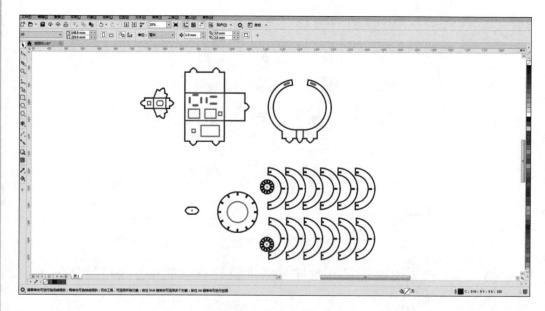

图 27-3　外壳展开图

（1）打开机械 CAD 软件，使用"圆"命令，绘制半径分别为 10 和 15 的两个同心圆。

（2）右击"对象捕捉"，在出现的快捷菜单中选择"设置"，勾选"象限点"和"中点"。

（3）使用"直线"命令，连接大圆的上方象限点和下方象限点。

项目 27　地球仪

（4）使用"修剪"命令，按空格键将所有边作为修剪边，再单击需要被剪掉的对象。

（5）使用"矩形"命令，在绘图区空处绘制一个长度为2,宽度为1的矩形。

（6）使用"复制"命令，复制对象为矩形，矩形的左侧中点为基点，移动到如图 27-4 所示的位置。

（7）使用"修剪"命令，修剪掉多余的边。中间的矩形上下两条边没有与直线相交，使用"修剪"命令时，按住 Shift 键，同时单击直线，可以延伸直线到圆，再进行修剪，最终完成部件如图 27-5 所示。

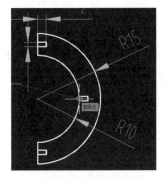
图 27-4　复制矩形

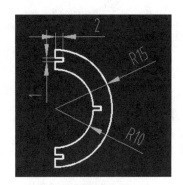
图 27-5　最终效果图

27.1.3　机械件组装调试

在进行总体设计后，将图纸交给生产厂家生产，本项目用 2mm 厚的瓦楞纸进行制作。由于篇幅有限，拼装制作步骤请参看随材料包一起的拼装指导书。最终地球仪成品结构如图 27-6 所示。

图 27-6　最终地球仪成品结构

任务 27.2　地球仪控制电路设计及制作

地球仪实现了语音控制地球仪转动和灯光亮灭功能。文中分别对智能地球仪的系统总体原理框图设计、硬件电路设计、软件程序设计进行介绍，实验结果表明，智能地球仪实现了人机交互，使用起来方便、控制稳定可靠。

27.2.1　电子元器件选择

语音识别模块如图 27-7 所示。语音识别模块的工作原理是通过麦克风采集声音信号，并将其进行预处理和数字化处理。然后利用特征提取器提取语音的特征参数，再通过声学模型和语言模型对语音信号进行识别与分析。最终通过解码器生成计算机可读的结果。

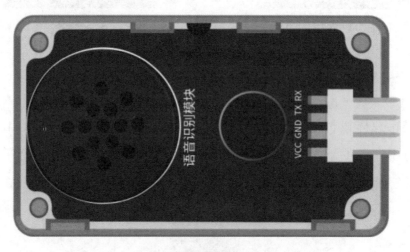

图 27-7　语音识别模块

语音识别技术的目标就是将人类语音中的词汇内容转换为计算机可读的输入信息。语音识别技术的原理就是让机器通过识别，把语音信号转变为文本，然后将文本转变为指令的技术。其目的是使机器能"听懂"人在说什么，并做出相立的反应。语音识别模块有 4 个引脚，如表 28-1 所示。

表 27-1 语音识别模块引脚

引 脚	功 能	引 脚	功 能
RX	通信里是接收单元	GND	电源负极
TX	通信里是发送单元	VCC	电源正极

在使用时需要先发出"唤醒词",唤醒语音识别模块。再发出命令词实现指定的功能,唤醒词如表 27-2 所示。

表 27-2 唤醒词

唤醒串口参数	格式如下:(严格按照该文档要求) 以下为默认参数,供参考
唤醒词(免唤醒命令词和唤醒词总条数不超过 10 条)	小七小七,小虫小虫, 七星虫,小华小华
唤醒回复语(最多 4 个)	我在、hi! 我在:、嗯! 我来了
免唤醒的命令词(无须唤醒,说出命令词即可控制设备,需要在添加命令内选择)	打开灯、关闭灯
通信波特率(4800 9600 19200 38400 57600 115200 可选)	9600b/s,一位起始位,8 位数据位,一位结束位,无校验位
导航播报语(最多 30 个字)	
超时退出时间(5~60s)	10s(必须设置)
超时退出回复(最多两条)	有需要再叫我、再见(可设置或不设置)
主动退出命令(最多三条)	再见、关掉(可设置或不设置)
主动退出回复(最多两条)	有需要再叫我、再见(可设置或不设置)

27.2.2 地球仪电子 CAD 原理图设计

打开 CAD 软件,在主界面中可放置各种器件。器件放置完毕后,再放置导线,保存文件,命名为 5x04,设计后的原理图如图 27-8 所示。

本项目分别放置芯片 ATmega328P-PN、电机驱动、语音识别、指示灯、+5V 电源、GND 各器件,如图 27-8 所示。若没有相同器件,可用引脚相同的插针代替。

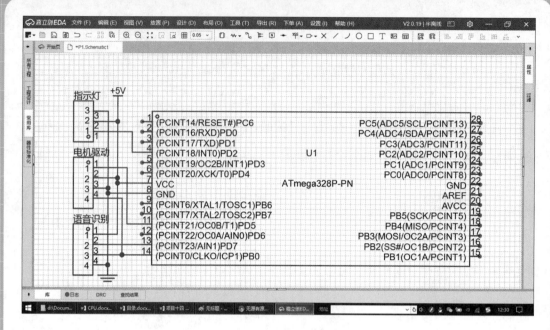

图 27-8　地球仪电路图

27.2.3　地球仪电路制作调试

本项目购买已经做好的小模块，实物如图 27-9 所示，分别是开发主板、电机驱动模块、指示灯模块、语音识别模块和直流电机。

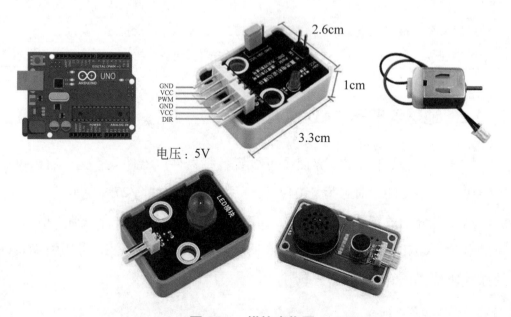

图 27-9　模块实物图

各线连接方法汇总如表 27-3 所示。使用如图 27-10 所示的扩展板后，按表 27-3 连线，连好线的实物控制系统，如图 27-11 所示。

表 27-3　接线汇总

模　　块	引　脚　名	功　　能	主板数字标号
电机驱动	GND	接地	GND
	+5V	接 5V 电压	5V
	PWM	电机控制信号端	5
	DIR	电机方向控制端	8
语音识别	RX	串行通信接收端	7
	TX	串行通信发送端	8
指示灯	+	二极管正端	2
	−	二极管负端	GND

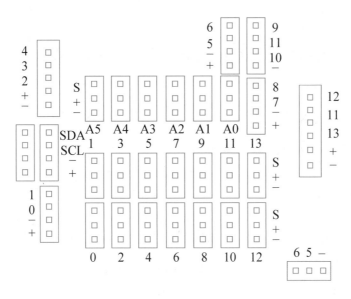

图 27-10　扩展板

制作好电路后，要对电路进行检查，检查方法一般用万用表一个一个器件地检查测试。在器件检查无误后再进行电压检查测试。

图 27-11　地球仪模拟电路

任务 27.3　地球仪编程控制

设计好电路图和用电子元器件制作好电路后，测试也没有问题，下一步就进行编程控制，在编程之前要对指令进行了解。

27.3.1　指令介绍

现在是用 Mind+ 编写程序，Mind+ 用的是 Arduino 集成开发环境，下面具体介绍程序的编写方法。本项目没有新增指令。

完成下面编程，如图 27-12 所示，上传程序，分别观察串口显示数值变化。

27.3.2　地球仪图形化编程

打开 Mind+，完成前一课中所学的加载扩展 Arduino UNO 库，并用

项目 27　地球仪

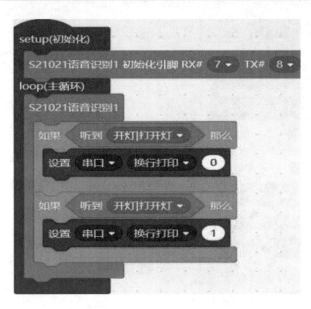

图 27-12　指令测试程序

USB 线将主板和计算机相连,然后在连接设备复选框中选择主板并连接,之后将左侧指令区拖曳到脚本区。编程实现通过语音控制地球仪启停和灯光亮灭功能:① 当语音识别到"开机"时,地球仪开始转动;② 当语音识别到"关机"时,地球仪停止转动;③ 当语音识别到"开灯"时,地球仪指示灯亮;④ 当语音识别到"关灯"时,地球仪指示灯关闭。

第一步:打开"图形化编程"软件,单击左下角"扩展",在"Arduino 主控板"选项下添加"Arduino UNO 主控板"。

第二步:从左边的"Arduino UNO"选项中,找到 ;从"QXC 一体语音识别模块"选项中,找到 S21021语音识别1 初始化引脚 RX# 7 TX# 8 和 S21021语音识别1;编写程序如图 27-13 所示。

第三步:从"控制"选项中,找到 如果 那么 ;从"QXC 一体语音识别模块"选项中,找到 ,将参数更改为"开机";从"直流电

199

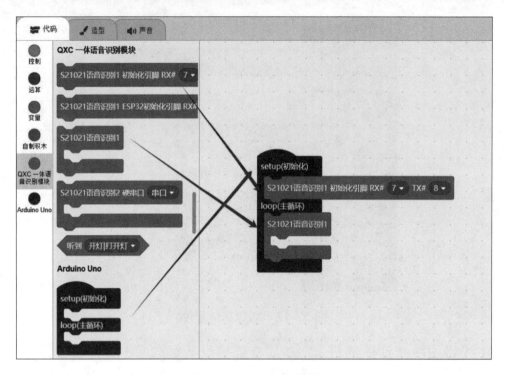

图 27-13 初始化程序

机驱动"选项中,找到 设置电机转速(-255~255) 200 调速端 5▼ 方向端 8▼ ,将参数"200"更改为"100";编写程序如图 27-14 所示。

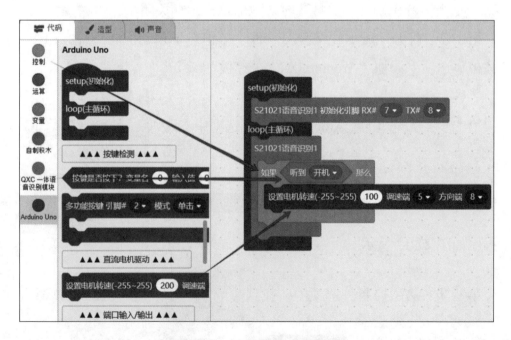

图 27-14 电机参数设定程序

第四步：从"控制"选项中，找到 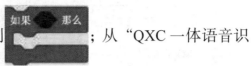；从"QXC 一体语音识别模块"选项中，找到 听到 开灯打开灯，将参数更改为"关机"；从"直流电机驱动"选项中，找到 设置电机转速(-255~255) 200 调速端 5 方向端 8，将参数"200"更改为"0"；编写程序如图 27-15 所示。

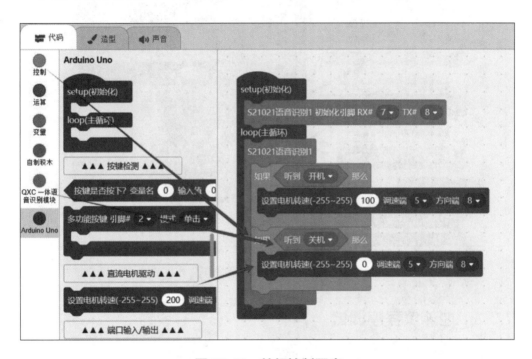

图 27-15 关灯控制程序

第五步：从"控制"选项中，找到 ；从"QXC 一体语音识别模块"选项中，找到 听到 开灯打开灯，将参数更改为"开灯"；从"端口输入/输出"选项中，找到 设置引脚# 13 数字输出 高，将引脚参数更改为"2"；编写程序如图 27-16 所示（关灯程序与开灯程序相同）。

第六步：上传测试。

连接计算机并上传程序，进行测试，观察地球仪的电机转起来，指示灯实现亮灭效果。

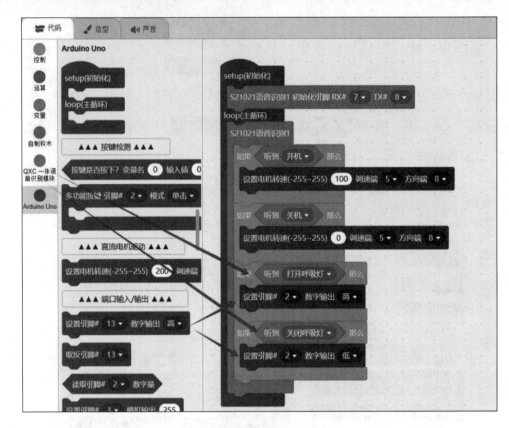

图 27-16　开灯控制程序

27.3.3　地球仪程序调试

图形化编程不成功的几个现象如下。

（1）程序上传失败。

程序存在逻辑错误或者使用了多个主程序模块。

（2）程序上传成功后，没有达到设计效果。

检查数字引脚接口或程序引脚设置是否错误。本项目用程序测试。

任务 27.4　总结及评价

自主评价式的展示。说一说制作地球仪的全过程，请同学们介绍所用每个电子元器件的功能，电子 CAD 使用方法和步骤，每条指令的作用和使用方法。展示一下自己制作的地球仪作品。

1. 任务完成大调查

任务完成后，还要进行总结和讨论，教学时可用表 15-3 进行打分。

2. 行为考核指标

行为考核指标，主要采用批评与自我批评、自育与互育相结合的方法。同时采用自我考核和小组考核，班级评定方法。班级每周进行一次民主生活会，就自己的行为指标进行评议，教学时可用表 15-4 进行评分。

3. 集体讨论题

（1）讨论让地球仪加上语音提醒功能的编程思路。

（2）讨论语音控制红色 LED 灯亮灭的编程思路。

4. 思考与练习

（1）叙述"QXC 一体语音识别模块"的功能。

（2）叙述"如果……那么……"命令的作用。

项目 28 空 间 站

空间站是一种大型的、在近地轨道长时间运行的空间设施，它可以提供人类长期驻留和科研的条件。空间站通常由多个模块和组件组成，包括生活舱、实验舱、服务舱、对接舱等。空间站的建立和维护需要大量的资金与技术支持，目前只有少数国家具备建造和运营空间站的能力。

空间站的主要任务是进行科学实验和研究，涉及的领域非常广泛，包括生物学、医学、物理学、天文学等。在空间站上进行实验可以排除地球引力的干扰，更好地研究微重力环境下的物理和化学现象。同时，空间站也可以作为人类探索太空的中转站和技术实验基地，为未来的深空探索和太空开发提供支持。

随着科技的发展，人工智能慢慢进入我们的生活，编程激起越来越多人的学习兴趣。本项目完成：①空间站的拼装；②编程实现语音控制空间站转动；③编程控制 LED 灯的开和关。

任务 28.1　空间站机械设计及制作

国际空间站总体设计采用桁架挂舱式结构，即以桁架为基本结构，增压舱和其他各种服务设施挂靠在桁架上，形成桁架挂舱式空间站，其总体布局如图 28-1 所示。大体上看，国际空间站由两部分立体交叉组合而成：一部分以俄罗斯的多功能舱为基础，通过对接舱段及节点舱，与俄罗斯服务舱、实验舱、生命保障舱、美国实验舱、日本实验舱、欧洲航天局的哥伦布轨道设施等对接，形成空间站的核心部分；另一部分是在美国的桁架结构上，装有加拿大的遥操作机械臂服务系统和空间站舱外设备，在桁架的两端安装四对大型太阳能电池帆板。这两部分垂直交叉构成"龙骨架"，不仅加强了空间站的刚度，而且有利于各分系统和科学实验设备、仪器工作性能正常发挥，有利于航天员出舱装配与维修等。

图 28-1　空间站

28.1.1　机械零部件选择

单模块空间站的基本组成是以一个载人生活舱为主体，再加上有不同用途的舱段，如工作实验舱、科学仪器舱等。空间站外部必须装有太阳能电池板和对接舱口，以保证站内电能供应和实现与其他航天器的对接。单模块空间站一般由下列系统组成：结构与机构系统、电源与供配电系统、温度控制系统、制导与导航及控制系统、推进系统、机械臂系统、测控和通信系统、环境控制与生命保障系统、乘员系统、对接机构系统、仪表与照明系统、数据管理系统。

28.1.2 空间站机械 CAD 组装图设计

用 CAD 设计空间站时，先要进行系统总设计，再进行零部件设计，总设计时要全面考虑机械和电子控制系统的位置和安装。

1. 系统总设计

中国空间站采用模块化设计。模块化设计是将整个空间站分为多个独立的模块，每个模块都有特定功能，可以单独运行。这样的设计使得各模块可以根据任务需求进行灵活组合，既能满足不同科学实验的需求，又能有效利用空间资源。同时，模块化设计还可以方便对空间站进行维修和升级，延长其寿命。下面细述设计步骤。

第一步：把需要的电器模块按 1∶1 的比例在图纸上画出，如图 28-2 所示。

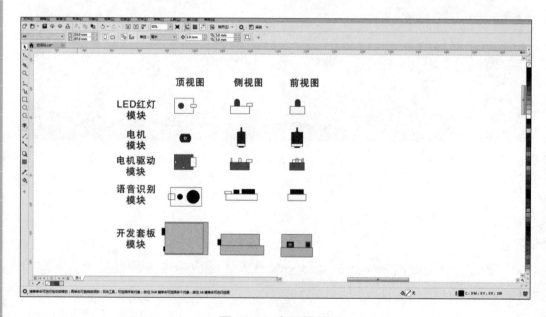

图 28-2　电器模块

第二步：根据电器件尺寸及样品需求设计对应的尺寸及电器件位置关系，如图 28-3 所示。

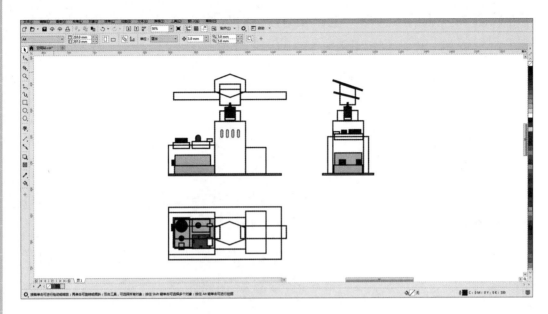

图 28-3　电器件尺寸及位置关系

第三步：根据第二步的视图做外壳展开设计，如图 28-4 所示。

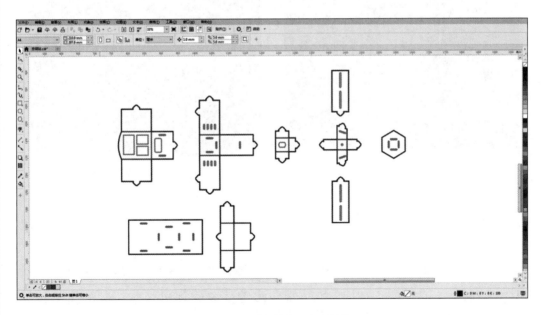

图 28-4　外壳展开设计图

2. 部件设计

系统中各部件要分别设计加工图纸，图纸设计好后，再送加工厂加工，下面以图 28-4 中的多边形为例，介绍设计时机械 CAD 软件的使用方法，同时练习多边形、阵列等知识点。

（1）打开机械 CAD 软件，使用"矩形"命令，输入"D"，绘制一个长度为 6，宽度为 1 的矩形，如图 28-5 所示。

（2）使用"直线"命令，取矩形上边直线的中点为起点，向正上方绘制一条长度为 8 的线段。

（3）使用"阵列"命令，选择"环形阵列"，中心点为直线上方的端点，选择对象为矩形，项目总数为"4"，填充角度为"360"。

（4）使用"多边形"命令，边数为 6，中心点为直线的上方端点，内接于圆输入"I"，半径输入 20，该部件最终效果如图 28-6 所示。

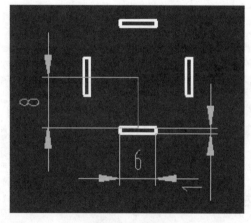

图 28-5　阵列

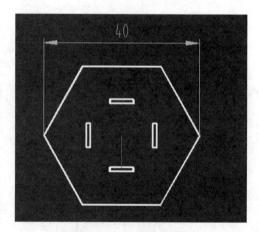

图 28-6　最终效果

28.1.3　机械件组装调试

进行总体设计后，将图纸交给生产厂家生产，本项目用 2mm 厚的瓦楞纸进行制作。由于篇幅有限，拼装制作步骤请参看随材料包一起的拼装指导书。最终空间站成品如图 28-7 所示。

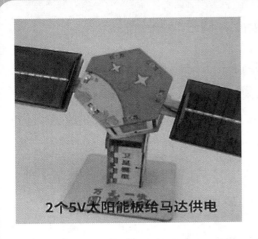

图 28-7　最终作品

任务 28.2　空间站控制电路设计及制作

空间站实现了语音控制、信息显示等很多功能，文中分别对智能空间站的系统总体原理框图设计、硬件电路设计、软件程序设计进行介绍，下面具体讨论电气控制电路设计。

28.2.1　电子元器件选择

空间站控制系统很复杂，只能选择一些简单电路模拟一下空间站的控制，本项目利用已熟悉的元件，关键部件是舵机，如图 28-8 所示。舵机有三根线，

图 28-8　舵机实物图

红色线为电源正极线，棕色线为电源负极线，橘色线为控制线。

28.2.2 空间站电子 CAD 原理图设计

打开 CAD 软件，在主界面中可放置各种器件。本项目分别放置芯片 ATmega328P-PN、直流电机驱动模块、直流电机 MOT1、语音识别模块、指示灯、+5V 电源、GND 各器件。器件放置完毕后，再放置导线，保存文件，命名为 5x15，设计后的原理图如图 28-9 所示。

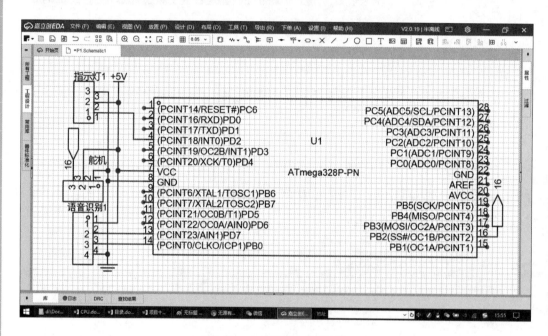

图 28-9 空间站电路图

该图使用网络端口放置方法，该方法是不连线，只需在 2 个端口放置网络端口。网络端口有输入与输出之分，输入是尖端对准引脚，输出是尖端对外，放置方法是：利用主菜单"放置"，在下拉菜单中选择"网络端口"，出现 3 种图标，分别为输入、输出和双向，选择一个图标放置并修改网络端口标注，注意两个端口标注要一样，如图 28-9 的标注为"16"。

28.2.3 空间站电路实物制作及调试

设计好原理图后，一般要同时设计好印制电路板（PCB），做 PCB

需要专门的厂家,但价格较高。本项目购买已经做好的小模块,实物如图 28-10 所示。

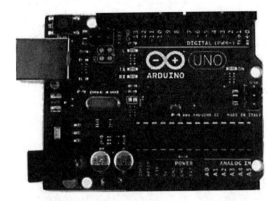

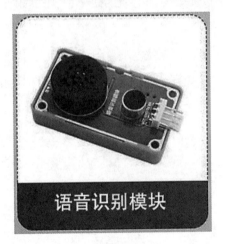
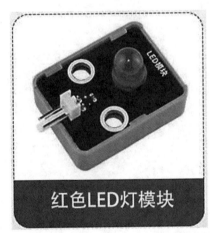

图 28-10 器件实物图

1. 硬件连接

本项目中开门可以采用舵机控制方法,也可以采用直流电机控制方法。舵机控制方法可以任意设定开门角度,直流电机只能用开关或时间控制开门的角度。

1)直流电机

本项目使用开发主板、电机驱动模块、指示灯模块和语音识别模块,各线连接方法汇总如表 28-1 所示。按表 28-1 连线,连好线的实物控制系统,如图 28-11 所示。

表 28-1　接线汇总

模　块	引　脚　名	功　　能	主板数字标号
电机驱动	GND	接地	GND
	+5V	接 5V 电压	5V
	PWM	电机控制信号端	5
	DIR	电机方向控制端	8
语音识别	RX	串行通信接收端	7
	TX	串行通信发送端	8
指示灯	+	二极管正端	2
	−	二极管负端	GND

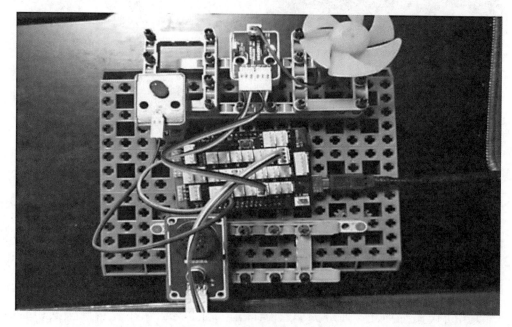

图 28-11　空间站硬件电路图

2）舵机

图 28-11 中展示了本项目使用的开发主板、舵机、语音识别模块和指示灯小模块，这些小模块按表 28-2 接线，就完成了本项目的实物连线。

表 28-2　接线汇总

模　块	引　脚　名	功　　能	主板数字标号
舵机	GND	接地	GND
	+5V	接 5V 电压	5V
	D	舵机控制信号端	10

项目 28 空间站

续表

模 块	引 脚 名	功 能	主板数字标号
语音识别	RX	串行通信接收端	7
	TX	串行通信发送端	8
指示灯	+	二极管正端	2
	-	二极管负端	GND

 2. 硬件调试

制作好电路后，要对电路进行检查，检查方法一般用万用表一个一个器件地检查测试。在器件检查无误后再进行电压检查测试，一般方法是在关键点注入电压，有时用高电平，有时用低电平，具体要看电路连接方法。若是灌电流，单片机系统测试一般用低电平，以免烧坏芯片。

任务 28.3　空间站编程控制

设计好电路图和用电子元器件制作好电路后，测试也没有问题，下一步就进行编程控制，在编程前要对指令进行了解，本项目没有新增指令，下面具体介绍编程方法。

28.3.1　空间站使用直流电机时的图形化编程

打开 Mind+，完成前一课中所学的加载扩展 Arduino UNO 库，并用 USB 线将主板和计算机相连，然后在连接设备复选框中选择主板并连接，之后将左侧指令区拖曳到脚本区。编程实现用声音控制空间站开始转动、停止转动、打开灯光、关闭灯光四个动作：①当识别到"开机"声音时，空间站开始转动；②当识别到"关机"声音时，空间站停止转动；③当识别到"开灯"声音时，空间站指示灯亮；④当识别到"关灯"声音时，空间站指示灯灭。

第一步：打开"图形化编程"软件，单击左下角"扩展"，在"Arduino

主控板"选项下添加"Arduino UNO 主控板"。

第二步：从左边的"Arduino UNO"选项中，找到 ；从"QXC 一体语音识别模块"选项中，找到 和 ；编写程序如图 28-12 所示。

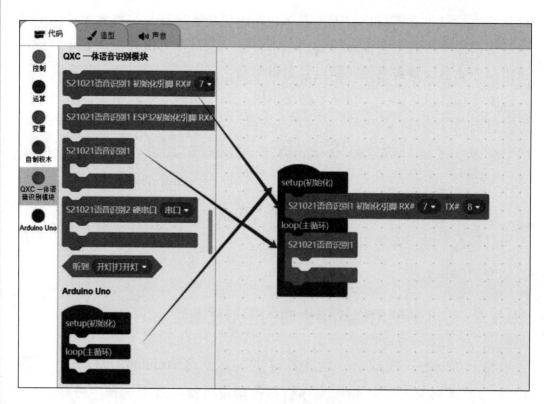

图 28-12　电机初始化程序

第三步：从"控制"选项中，找到 ；从"QXC 一体语音识别别模块"选项中，找到 ，将参数更改为"开机"；从"直流电机驱动"选项中，找到 ，将参数"200"更改为

"100"；编写程序如图 28-13 所示。

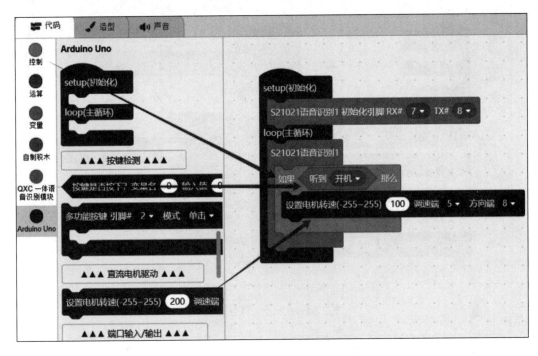

图 28-13　电机设定程序

第四步：从"控制"选项中，找到 ![如果那么]；从"QXC 一体语音识别模块"选项中，找到 ![听到 开灯|打开灯]，将参数更改为"关机"；从"直流电机驱动"选项中，找到 ![设置电机转速(-255~255) 200 调速端 5 方向端 8]，将参数"200"更改为"0"；编写程序如图 28-14 所示。

第五步：从"控制"选项中，找到 ![如果那么]；从"QXC 一体语音识别模块"选项中，找到 ![听到 开灯|打开灯]；从"端口输入/输出"选项中，找到 ![设置引脚# 13 数字输出 高]，将引脚参数更改为"2"；编写程序如图 28-15 所示。

第六步：上传测试。

连接计算机并上传程序，进行测试，观察空间站的电机由语音控制转动或停止，指示灯实现亮灭效果。

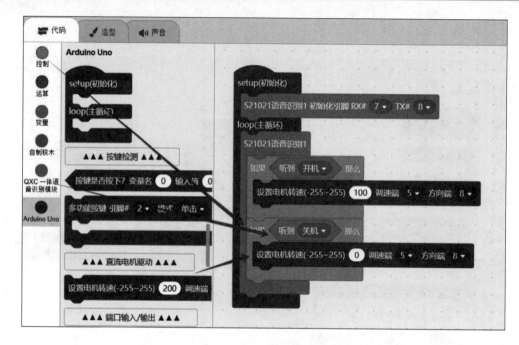

图 28-14 指示灯程序

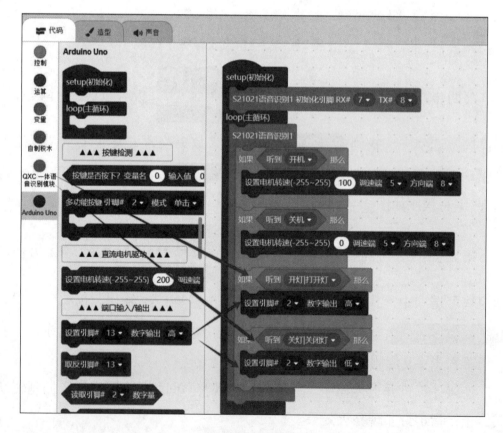

图 28-15 程序

项目 28　空间站

28.3.2　空间站使用舵机时的图形化编程

使用舵机时的电路接线如表 28-2 所示，可以沿用直流电机编程思路，只是适当修改，编写程序如图 28-16 所示。

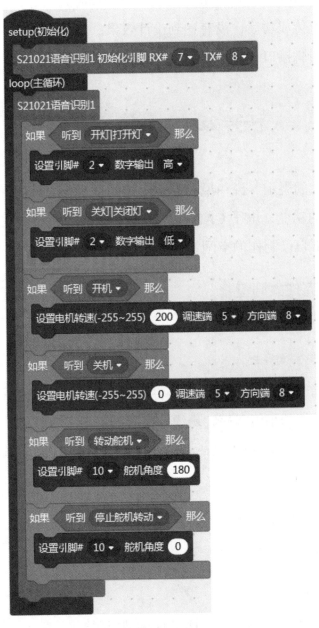

图 28-16　舵机控制程序

28.3.3　程序调试

图形化编程不成功的几个现象如下。

（1）程序上传失败。

程序存在逻辑错误或者使用了多个主程序模块。

（2）程序上传成功后，没有达到设计效果。

检查数字引脚接口或程序引脚设置是否错误。本项目用程序测试。

任务 28.4　总结及评价

自主评价式的展示。说一说制作空间站的全过程，请同学们介绍所用每个电子元器件的功能，电子 CAD 使用方法和步骤，每条指令的作用和使用方法。展示一下自己制作的空间站作品。

1．任务完成大调查

任务完成后，还要进行总结和讨论，教学时可用表 15-3 进行打分。

2．行为考核指标

行为考核指标，主要采用批评与自我批评、自育与互育相结合的方法。同时采用自我考核和小组考核，班级评定方法。班级每周进行一次民主生活会，就自己的行为指标进行评议，教学时可用表 15-4 进行评分。

3．集体讨论题

（1）讨论语音控制空间站的编程思路。

（2）讨论灯关和开的方法。

4．思考与练习

（1）叙述如何加载"QXC 一体语音识别模块"？

（2）编程测试"QXC 一体语音识别模块"的使用方法？